Modellierung der katastrophalen optischen Degradation von Hochleistungslaserdioden unter externer optischer Rückkopplung

Modeling of Catastrophic Optical Damage in High-Power Laser Diodes under External Optical Feedback

Von der Fakultät für Maschinenwesen
der Rheinisch-Westfälischen Technischen Hochschule Aachen
zur Erlangung des akademischen Grades eines
Doktors der Naturwissenschaften
genehmigte Dissertation

vorgelegt von

Martin Adams

Berichter:

Univ.-Prof. Dr. rer. nat. Constantin Leon Häfner
Univ.-Prof. Dr. Jeremy Witzens, Ph. D.

Tag der mündlichen Prüfung: 15. Februar 2022

ERGEBNISSE AUS DER LASERTECHNIK

Martin Adams

Modellierung der katastrophalen optischen Degradation von Hochleistungslaserdioden unter externer optischer Rückkopplung

Bibliografische Information der Deutschen Nationalbibliothek
Die Deutsche Nationalbibliothek verzeichnet diese Publikation in der Deutschen Nationalbibliografie; detaillierte bibliografische Daten sind im Internet über https://portal.dnb.de abrufbar.

Martin Adams:

Modellierung der katastrophalen optischen Degradation von Hochleistungslaserdioden unter externer optischer Rückkopplung

1. Auflage, 2022

Gedruckt auf holz- und säurefreiem Papier, 100% chlorfrei gebleicht.

Apprimus Verlag, Aachen, 2022
Wissenschaftsverlag des Instituts für Industriekommunikation und Fachmedien an der RWTH Aachen
Steinbachstr. 25, 52074 Aachen
Internet: www.apprimus-verlag.de, E-Mail: info@apprimus-verlag.de

Druck: CPI Druckdienstleistungen GmbH, Ferdinand-Jühlke-Straße 7 I 99095 Erfurt

ISBN 978-3-98555-068-5

D 82 (Diss. RWTH Aachen University, 2022)

Vorwort

Die vorliegende Dissertation entstand im Rahmen meiner Tätigkeit als wissenschaftlicher Mitarbeiter am Fraunhofer-Institut für Lasertechnik (ILT) in Aachen.

Mein besonderer Dank gilt Herrn Prof. Dr. rer. nat. Constantin Häfner, dem Leiter des Fraunhofer ILT und Inhaber des Lehrstuhls für Lasertechnik der RWTH Aachen, für die Betreuung dieser Arbeit. Herrn Prof. Dr. rer. nat. Reinhart Poprawe möchte ich für die Betreuung in der Anfangsphase der Dissertation danken. Weiterhin danke ich Herrn Prof. Dr. Jeremy Witzens, Ph. D., für die Übernahme des Korreferats. Bei Herrn Prof. Dr.-Ing. Christian Hopmann möchte ich mich für die Übernahme des Prüfungsvorsitzes bedanken.

Die inhaltlichen Arbeiten im Rahmen dieser Dissertation wurden zum überwiegenden Teil in einem von TRUMPF Photonics Inc. (Cranbury, New Jersey) geförderten Projekt durchgeführt. Für diese Möglichkeit der Bearbeitung industrierelevanter, wissenschaftlicher Fragestellungen und für das entgegengebrachte Vertrauen möchte ich Herrn Dr. rer. nat. Hagen Zimer, Herrn Dr. rer. nat. Konstantin Boucke und Herrn Dr. Stewart McDougall danken.

Herrn Dipl.-Ing. Hans-Dieter Hoffmann und Herrn Dr.-Ing. Martin Traub, die mir die Arbeit in diesem spannenden Forschungsfeld ermöglicht haben, möchte ich dafür, für die gebotenen Freiräume sowie für viele motivierende und fachlich hilfreiche Gespräche danken.

Für die unzähligen interessanten Diskussionen und wertvollen Anregungen zur Modellierung von Hochleistungslaserdioden möchte ich Herrn Dr. rer. nat. Simon Rauch und Herrn Prof. Dr. rer. nat. Carlo Holly meinen großen Dank aussprechen. Bei Herrn Thomas Bussek, M. Sc., möchte ich mich für seine große Unterstützung als studentische Hilfskraft und im Rahmen seiner Masterarbeit herzlich bedanken. Herrn Dipl.-Phys. Thomas Schwarz danke ich für seine immer kompetenten Ratschläge und seine wichtigen Beiträge zur Simulationssoftware. Meinen weiteren Kollegen in der Gruppe für Optikdesign und Diodenlaser am Fraunhofer ILT möchte ich für die stete Hilfsbereitschaft und die gute Arbeitsatmosphäre danken.

Schließlich möchte ich mich bei meiner Familie bedanken, besonders bei meinen Eltern Ewald und Anita, die mir meine akademische Ausbildung erst ermöglicht und mich dabei stets unterstützt haben. Meinem Bruder Oliver gilt weiterhin mein großer Dank für viele hilfreiche Hinweise während des gesamten Promotionsprozesses.

Kirchweiler, im Februar 2022

Martin Adams

Zusammenfassung

Die kompakte Bauform, die lange Lebensdauer und der herausragende elektrooptische Wirkungsgrad von über 60 % machen Hochleistungslaserdioden zu einer Schlüsselkomponente in der Lasermaterialbearbeitung. Die spektrale Stabilisierung mit frequenzselektiven externen optischen Elementen, wie z. B. Volumenbeugungsgittern, stellt sowohl für die Entwicklung von direkten Diodenlaser-Systemen, bei denen die Strahlung der Laserdioden unmittelbar für den Materialbearbeitungsprozess genutzt wird, als auch für die Realisierung hocheffizienter Pumpmodule für Faser- und Scheibenlaser einen wichtigen Ansatz zur Skalierung der Strahldichte dar. Die in diesen Systemen beobachtete Reduktion der Leistungsschwelle für das Auftreten der katastrophalen optischen Degradation (Catastrophic Optical Damage, COD) verhindert jedoch, dass das Potential dieser Technologie voll ausgeschöpft wird.

Im Rahmen dieser Arbeit wird deshalb ein multiphysikalisches Modell einer Laserdiode entwickelt, das den Einfluss der externen Rückkopplung auf die COD-Schwelle von Laserdioden abbilden kann. Dabei werden die Gleichungen des elektrischen Transports in der vertikal-longitudinalen Ebene der Halbleiterheterostruktur selbstkonsistent mit einem Modell der optischen Propagation durch den Wellenleiter des Chips, einem wellenoptischen Modell zur Beschreibung des externen Resonators sowie einem thermischen Modell von Chip und Wärmesenke gelöst. Die beschleunigte Berechnung der externen optischen Propagation mithilfe von Grafikprozessoren (GPU) erlaubt auch die Analyse komplexer dreidimensionaler Resonatoren.

Übersteigt die Leistung einer zusätzlich eingebrachten Wärmequelle einen kritischen Wert, weist das Modell stetig steigende Maximaltemperaturen auf, die schließlich zur Zerstörung der Laserdiode führen. Durch den Vergleich mit einem weiteren Modell, bei dem lediglich die Ladungsträgerdichte und die Intensitätsverteilung innerhalb der Quantenfilm-Ebene der Laserdiode bestimmt werden, wird deutlich, dass die bei hohen Ladungsträgerdichten in der aktiven Zone entstehenden Leckströme einen entscheidenden Beitrag zum thermischen Durchgehen liefern. Das Modell der katastrophalen optischen Degradation wird anhand einer experimentellen Studie zum Einfluss des Facettenüberhangs auf die COD-Schwelle validiert. Eine Untersuchung der Auswirkungen von Dejustagen im externen Resonator zeigt, dass erst die Absorption der rückgekoppelten Strahlung in den Metallschichten auf der p-Seite der Laserdiode die starke Reduktion der COD-Schwelle hervorruft.

Abschließend werden verschiedene Ansätze zur Reduktion der Rückreflex-Empfindlichkeit von Laserdioden analysiert und bewertet. Die Verwendung eines externen Resonators mit beidseitig telezentrischer, abbildender Rückkopplung ohne Bildumkehr verhindert die zuvor angesprochene Einkopplung der Strahlung in die Metallschichten und kann damit den Rückreflex-induzierten COD in der Simulation vollständig vermeiden. Für eine Anpassung des Chip-Designs unter Nutzung verschiedener Ansätze (nichtinjizierende Spiegel, nichtabsorbierende Spiegel, lokale Erhöhung der Bandlücke des Wellenleiters) wird im Rahmen der Berechnungen eine Steigerung der COD-Schwelle in Bezug auf die Ausgangsleistung um 37 % gegenüber dem ursprünglichen Design vorhergesagt.

Summary

Due to their small size, their long lifetime and extraordinary electro-optical efficiency of more than 60 %, high-power laser diodes are a key component in laser materials processing. Spectral stabilization with frequency selective external optical elements like volume Bragg gratings is an important approach to further scale the brightness of such systems for direct diode lasers, where their radiation is directly used for materials processing, as well as for highly efficient pump modules for fiber and disk lasers. However, the observed reduction of the threshold of catastrophic optical damage (COD) in these systems prevents the realization of the full potential of this technology.

In this work a multiphysics model of a laser diode is developed which is suited to describe the influence of external feedback on the COD-threshold of laser diodes. Within this model, the equations for the electrical transport in the vertical-longitudinal plane of the semiconductor heterostructure are solved self-consistently with a model of the optical propagation within the waveguide of the chip, a wave-optical model of the external resonator and a thermal model of chip and submount. The accelerated computation of the external optical propagation on a graphics processing unit (GPU) also allows the analysis of complex three-dimensional resonators.

The model shows ever-increasing maximum temperatures, which finally lead to a destruction of the device, if the power of an additionally added heat source surpasses a certain critical value. The decisive contribution of leakage currents from the quantum well at high carrier densities to the thermal runaway behavior becomes clear by comparing this model to another model, which only considers the carrier and intensity distribution within the quantum well plane. The COD-model is validated with an experimental study on the influence of facet overhang on COD-threshold. An analysis of the impact of misalignment in the external resonator shows that the absorption of feedback radiation within the metal layers on the p-side of the device leads to the observed strong reduction of the COD-threshold.

Finally, different approaches for reducing the feedback sensitivity of laser diodes are analyzed and evaluated. The use of bi-telecentric external resonators without image reversal prevents the discussed absorption within the metal layers and thus completely avoids the feedback induced COD within the simulation. Furthermore, the simulation predicts an increase of the COD-threshold regarding the output power by 37 % compared to the original design for an adapted chip design which combines different approaches (non-injecting mirror, non-absorbing mirror, local increase of the bandgap within the waveguide).

Inhaltsverzeichnis

Abkürzungen

AlGaAs	Aluminiumgalliumarsenid
AlN	Aluminiumnitrid
Al_2O_3	Aluminiumoxid
BTS	Beam Transformation System, optische Komponente zur Rotation des Strahlprofils um 90°
CCD	Charge Coupled Device, CCD-Sensor
CL	Cathodoluminescence, Kathodolumineszenz
COBD	Catastrophic Optical Bulk Damage, katastrophale optische Degradation im Inneren der Laserdiode
COD	Catastrophic Optical Damage, katastrophale optische Degradation
COMD	Catastrophic Optical Mirror Damage, katastrophale optische Degradation an der Facette
CPU	Central Processing Unit, Prozessor
CTE	Coefficient of Thermal Expansion, thermischer Ausdehnungskoeffizient
cw	Continuous Wave, Dauerstrichbetrieb
CWDM	Coarse Wavelength Division Multiplexing, Wellenlängenmultiplexing mit großem Zentralwellenlängenabstand
DDM	Drift-Diffusions-Modell
DLD	Dark Line Defect, dunkler Liniendefekt
DWDM	Dense Wavelength Division Multiplexing, dichtes Wellenlängenmultiplexing
ECDL	External Cavity Diode Laser, Laserdiode mit externer Kavität
EL	Elektrolumineszenz
FAC	Fast Axis Collimation Lens, Kollimationslinse für die vertikale Richtung
FBG	Fiber Bragg Grating, Faser-Bragg-Gitter
FCA	Free-Carrier-Absorption, Absorption durch freie Ladungsträger
GaAs	Galliumarsenid
GPU	Graphics Processing Unit, Grafikprozessor

InGaAs	Indiumgalliumarsenid
LiDAR	Light Detection and Ranging, Verfahren zur optischen Abstandsmessung
LOC	Large Optical Cavity, Wellenleiter mit großer Ausdehnung in vertikaler Richtung
LPBF	Laser Powder Bed Fusion, selektives Laserschmelzen
LSHB	Longitudinal Spatial Hole Burning, longitudinales räumliches Lochbrennen
MBE	Molecular Beam Epitaxy, Molekularstrahlepitaxie
MOVPE	Metalorganic Vapour-Phase Epitaxy, metallorganische Gasphasenepitaxie
NAM	Non-Absorbing Mirror, nichtabsorbierender Spiegel
NIM	Non-Injecting Mirror, nichtinjizierender Spiegel
NR	nichtstrahlende Rekombination
pw	Pulsed Wave, Pulsbetrieb
QW	Quantum Well, Quantenfilm
REDC	Recombination-Enhanced Dislocation Climb, durch nichtstrahlende Rekombination verstärktes Klettern von Versetzungen
REDG	Recombination-Enhanced Dislocation Glide, durch nichtstrahlende Rekombination verstärktes Gleiten von Versetzungen
SAC	Slow Axis Collimation Lens, Kollimationslinse für die laterale Richtung
SEMSIS	Semiconductor Laser Simulation Software, Diodenlaser-Simulationssoftware des Fraunhofer ILT
SiO_2	Siliziumdioxid
SR	Surface Recombination, Oberflächenrekombination
SRH	Shockley-Read-Hall, Mechanismus der nichtstrahlenden Rekombination in Halbleitern
TCAD	Technology Computer Aided Design, computergestütztes Technologie-Design
TE	transversal-elektrisch
TiO_2	Titandioxid
TM	transversal-magnetisch

VBG	Volume Bragg Grating, Volumenbeugungsgitter
WA-BPM	Wide-Angle Beam Propagation Method, Verfahren zur wellenoptischen Propagation

Formelzeichen

Zeichen	Einheit	Bedeutung
a	-	Parameter des Verstärkungsmodells
A'	-	Menge der Punkte auf der Eintrittsfläche beim Beugungsintegral
A_{kk}	m	Länge der Begrenzung des Kontrollvolumens k zum Rand der Domäne für zweidimensionale Simulationen
A_{kl}	m	Länge der Begrenzung zwischen den Kontrollvolumina k und l für zweidimensionale Simulationen
A'_x	-	Menge der Punkte auf der Eintrittsfläche beim eindimensionalen Beugungsintegral
$\mathcal{A}$	-	aktive Zone der Laserdiode
B	-	Bernoulli-Funktion
B_{norm}	-	normierte Strahldichte
BPP	mm·mrad	Strahlparameterprodukt
c_0	$\mathrm{ms^{-1}}$	Vakuumlichtgeschwindigkeit
C_0	$\mathrm{Jm^2}$	Vorfaktor zur Berechnung der Ausgangsleistung
$C_{n/p}$	$\mathrm{m^6s^{-1}}$	Koeffizient der Auger-Rekombination für Elektronen bzw. Löcher
c_{s}	-	Parameter der Theorie der gekoppelten Wellen
C_{Sp}	$\mathrm{m^3s^{-1}}$	Koeffizient der spontanen Rekombination
D	$\mathrm{m^2s^{-1}}$	unipolarer Diffusionskoeffizient
d_0	m	Parameter zur Festlegung des Divergenzwinkels einer emittierten Feldverteilung
d_{kl}	m	Abstand der Gitterpunkte k und l
D_n	-	Nennerpolynom der WA-BPM
$D_{n/p}$	$\mathrm{m^2s^{-1}}$	Diffusionskoeffizient der Elektronen bzw. Löcher
d_{ov}	m	Überhang zwischen Laserdioden-Chip und Wärmesenke
$d_{\mathrm{unp,b}}$	m	Länge des elektrisch ungepumpten Bereichs an der Rückfacette
$d_{\mathrm{unp,f}}$	m	Länge des elektrisch ungepumpten Bereichs an der Frontfacette

d_{VBG}	m	Ausdehnung des VBG in longitudinaler Richtung
E	eV	Energie
E_{G}	eV	Bandlücke
$E_{\mathrm{G,0}}$	eV	Bandlücke von GaAs
$E_{\omega,\nu}$	$\mathrm{Vm^{-1}}$	elektrisches Feld der Kreisfrequenz ω mit Polarisation ν
f	$\mathrm{eVm^{-3}}$	freie Energiedichte
$F_{1/2}$	-	Fermi-Integral der Ordnung $1/2$
f_{Abb}	m	Brennweite der abbildenden Linse
f_{Coulomb}	$\mathrm{eVm^{-3}}$	freie Energiedichte der Coulomb-Wechselwirkung
$f_{\mathrm{e-h}}$	$\mathrm{eVm^{-3}}$	freie Energiedichte des Elektronen-Loch-Plasmas
f_{FAC}	m	Brennweite der FAC-Linse
f_{L}	$\mathrm{eVm^{-3}}$	freie Energiedichte des Kristallgitters
$\mathcal{F}$	-	Fourier-Transformation
$\mathcal{F}^{-1}$	-	inverse Fourier-Transformation
g	-	Diffusions-Verstärkungsfaktor
G	$\mathrm{m^{-1}}$	optischer Verstärkungskoeffizient
G_0	$\mathrm{m^{-1}}$	Parameter des Verstärkungsmodells
g_{A}	-	Entartungsfaktor der Akzeptoren
g_{D}	-	Entartungsfaktor der Donatoren
G_{m}	$\mathrm{m^{-1}}$	modaler optischer Verstärkungskoeffizient
$\bar{G}_{\mathrm{m}}$	$\mathrm{m^{-1}}$	gemittelter modaler optischer Verstärkungskoeffizient
G_{mn}	$\mathrm{Vm^{-3/2}}$	Beitrag zum Beugungsintegral
G_{Umlauf}	-	Umlaufverstärkung
h	Js	Planck-Konstante
h_{C}	$\mathrm{Wm^{-2}K^{-1}}$	Wärmeübergangskoeffizient zum Kühler
h_{I}	$\mathrm{m^{-2}}$	Impulsantwort für die dreidimensionale Propagation
$h_{\mathrm{I,2D}}$	$\mathrm{m^{-1}}$	Impulsantwort für die zweidimensionale Propagation
h_{K}	$\mathrm{m^{-2}}$	Integralkern für die dreidimensionale Propagation
$h_{\mathrm{K,2D}}$	$\mathrm{m^{-1}}$	Integralkern für die zweidimensionale Propagation
H_{T}	-	Transfer-Funktion
i	-	imaginäre Einheit

I	A	Stromstärke
I_{COD}	A	Stromstärke, die zum COD führt
I_{FF}	$\mathrm{Wsr^{-1}}$	Fernfeld-Intensitätsverteilung
I_{NF}	$\mathrm{Wm^{-2}}$	Nahfeld-Intensitätsverteilung
I_{opt}	$\mathrm{Wm^{-2}}$	optische Intensität
$\vec{j}$	$\mathrm{Am^{-2}}$	Vektor der elektrischen Stromdichte
$\vec{j}_{n/p}$	$\mathrm{Am^{-2}}$	Vektor der Elektronen- bzw. Löcher-Stromdichte
$j_{n/p,kl}$	$\mathrm{Am^{-2}}$	Elektronen- bzw. Löcher-Stromdichte senkrecht zur Grenzfläche zwischen Kontrollvolumen k und l
j_x	$\mathrm{Am^{-2}}$	x-Komponente der Stromdichte
j_x^{T}	$\mathrm{m^{-2}s^{-1}}$	x-Komponente der Teilchen-Stromdichte
$j_{x,n/p}^{\mathrm{T}}$	$\mathrm{m^{-2}s^{-1}}$	x-Komponente der Teilchen-Stromdichte der Elektronen bzw. Löcher
k	$\mathrm{m^{-1}}$	Wellenzahl im Medium
$\vec{k}$	$\mathrm{m^{-1}}$	Wellenvektor im Medium
$\vec{K}$	$\mathrm{m^{-1}}$	Gittervektor
k_0	$\mathrm{m^{-1}}$	Wellenzahl im Vakuum
k_{B}	$\mathrm{JK^{-1}}$	Boltzmann-Konstante
k_{ref}	$\mathrm{m^{-1}}$	Referenzwellenvektor
k_x	$\mathrm{m^{-1}}$	x-Komponente des Wellenvektors
k_y	$\mathrm{m^{-1}}$	y-Komponente des Wellenvektors
k_z	$\mathrm{m^{-1}}$	z-Komponente des Wellenvektors
L_{D}	m	Länge des Laserdioden-Chips
$L_{\mathrm{Sub},x}$	m	Ausdehnung der Wärmesenke in x-Richtung
$L_{\mathrm{Sub},y}$	m	Ausdehnung der Wärmesenke in y-Richtung
$L_{\mathrm{Sub},z}$	m	Ausdehnung der Wärmesenke in z-Richtung
m_n	kg	effektive Masse der Elektronen
m_p	kg	effektive Masse der Löcher
n	$\mathrm{m^{-3}}$	Elektronendichte
$\vec{n}$	-	Normalenvektor
N	$\mathrm{m^{-3}}$	Ladungsträgerdichte im unipolaren Modell
N_0	$\mathrm{m^{-3}}$	Parameter des Verstärkungsmodells

N_1	m^{-3}	Parameter des Verstärkungsmodells
N_A	m^{-3}	nominelle Akzeptorkonzentration
N_A^+	m^{-3}	ionisierte Akzeptorkonzentration
N_C	m^{-3}	effektive Zustandsdichte im Leitungsband
N_D	m^{-3}	nominelle Donatorkonzentration
N_D^+	m^{-3}	ionisierte Donatorkonzentration
$n_{\mathrm{eff},m}$	-	effektiver Index der Grundmode
n_i	m^{-3}	intrinsische Ladungsträgerdichte
$N(k)$	-	Menge der Nachbarknoten zum Gitterpunkt k
$\vec{n}_{kl}$	-	Normalenvektor zur Grenzfläche zwischen Kontrollvolumen k und l
N_{Log}	m^{-3}	Konstante im Logarithmus
N_m	-	Zählerpolynom der WA-BPM
n_{ref}	-	Referenzbrechungsindex
N_{ref}	m^{-3}	Parameter des Mobilitäts-Modells
N_{Rtp}	-	Anzahl der Resonator-Umläufe
N_T	m^{-3}	Dichte der nichtstrahlenden Rekombinationszentren
N_{th}	-	Anzahl der Resonator-Umläufe zur Mittelung der Wärmequellen
N_V	m^{-3}	effektive Zustandsdichte im Valenzband
n_{VBG}	-	Brechungsindex des VBG
n_y	-	Supergauß-Exponent in y-Richtung
$n_{\mu\nu}$	-	Brechungsindex-Tensor
p	m^{-3}	Löcherdichte
P	W	optische Ausgangsleistung
P_{add}	W	zusätzlich eingebrachte Wärmeleistung
P_{back}	W	Leistung der Hintergrundwärmequelle
P_{COD}	W	maximale Ausgangsleistung vor Eintreten des COD
P_{FCA}	W	Wärmeleistung der Free-Carrier-Absorption
P_H	W	gesamte Wärmeleistung
P_{in}	W	elektrische Eingangsleistung
P_{krit}	W	kritische zusätzlich eingebrachte Wärmeleistung

$P_{n/p}$	$Am^{-1}K^{-1}$	Peltier-Koeffizient der Elektronen bzw. Löcher
P_{NR}	W	Wärmeleistung der nichtstrahlenden Rekombination
q	C	Elementarladung
q_0	Wm^{-3}	Amplitude der zusätzlichen Wärmequelle
q_{Abs}	Wm^{-3}	Wärmequelldichte der Absorption
q_{add}	Wm^{-3}	zusätzlich eingebrachte Wärmequelldichte
q_{H}	Wm^{-3}	gesamte Wärmequelldichte
q_{Joule}	Wm^{-3}	Wärmequelldichte der jouleschen Wärme
q_{NR}	Wm^{-3}	Wärmequelldichte der nichtstrahlenden Rekombination
$\vec{r}$	m	Ortsvektor
R	$m^{-3}s^{-1}$	gesamte Rekombinationsrate
R_{A}	$m^{-3}s^{-1}$	Rate der Auger-Rekombination
R_{b}	-	Reflektivität der Rückfacette
R_{f}	-	Reflektivität der Frontfacette
$R_{\mathrm{f}}^{\mathrm{eff}}$	-	effektive Reflektivität der Frontfacette
$R_{\mathrm{f}}^{\mathrm{ext}}$	-	Reflektivität des externen Resonators
R_{Sp}	$m^{-3}s^{-1}$	Rate der spontanen Rekombination
$R_{\mathrm{Sp,int}}$	s^{-1}	räumlich integrierte Rate der spontanen Emission
R_{SR}	$m^{-2}s^{-1}$	Rate der Oberflächenrekombination
R_{SRH}	$m^{-3}s^{-1}$	Rate der Shockley-Read-Hall-Rekombination
R_{Stim}	$m^{-3}s^{-1}$	Rate der stimulierten Rekombination
R_{VBG}	-	Reflexionsgrad des VBG
$s(x, y)$	m	Parametrisierung von Linsenoberflächen
S	$m^{-2}s^{-1}$	Photonenflussdichte
$\tilde{S}$	$m^{-2}s^{-1}$	normiertes Profil der Photonenflussdichte
S^-	$m^{-2}s^{-1}$	rückwärts propagierende Photonenflussdichte
S^+	$m^{-2}s^{-1}$	vorwärts propagierende Photonenflussdichte
S_0	-	normiertes Intensitätsprofil der Grundmode
S_{Ph}	-	Photonenzahl im Resonator
t	s	Zeit, Berechnungsdauer
T	K	Temperatur

T_{A}	K	Temperaturkoeffizient der Auger-Rekombination
T_{C}	K	Kühler-Temperatur
T_{FCA}	K	Temperaturkoeffizient der Free-Carrier-Absorption
T_{krit}	K	kritische Temperatur vor Eintreten des COD
T_{Max}	K	maximale Temperatur in der Simulationsdomäne
T_{Mittel}	K	mittlere Temperatur im Quantenfilm
T_{stat}	K	stationäre Temperatur
T_{Stop}	K	Abbruchtemperatur der thermischen Iteration
T_{VBG}	-	Transmissionsgrad des VBG
U	V	elektrische Spannung
V_k	-	Menge der Punkte, die zum Kontrollvolumen des Gitterpunkts k gehören
$\lvert V_k \rvert$	m^2	Größe des Kontrollvolumens um den Gitterpunkt k für zweidimensionale Simulationen
$v_{n/p}$	ms^{-1}	thermische Geschwindigkeit der Ladungsträger
v_{SR}	ms^{-1}	Oberflächenrekombinationsgeschwindigkeit
w_{D}	m	Breite des Laserdioden-Chips
w_{inj}	m	Breite des Injektionsstreifens
w_x	m	Ausdehnung in x-Richtung
w_y	m	Ausdehnung in y-Richtung
w_z	m	Ausdehnung in z-Richtung
x	m	Ortskoordinate (vertikale Richtung, Fast Axis)
$X_{n/p,kl}$	-	Argument der Bernoulli-Funktion
$X_{\mu v}$	-	Operator der WA-BPM
y	m	Ortskoordinate (laterale Richtung, Slow Axis)
z	m	Ortskoordinate (longitudinale Richtung)
z_0	m	longitudinale Position
α	m^{-1}	optischer Absorptionskoeffizient
α_{FCA}	m^{-1}	Koeffizient der Free-Carrier-Absorption
$\alpha_{\mathrm{FCA,WVG}}$	m^{-1}	Koeffizient der Free-Carrier-Absorption im Wellenleiter
α_{int}	m^{-1}	interner optischer Absorptionskoeffizient

α_{m}	m-1	modaler optischer Absorptionskoeffizient
$\bar{\alpha}_{\mathrm{m}}$	m-1	gemittelter modaler optischer Absorptionskoeffizient
α_{M}	m-1	verteilter Spiegelverlust
$\alpha_{\mathrm{M}}^{\mathrm{eff}}$	m-1	effektiver verteilter Spiegelverlust
α_{num}	m-1	numerischer Verlust
α_{V}	eVK-1	Parameter des Varshni-Modells
α_{κ}	-	Parameter des Modells der Wärmeleitfähigkeit
α_{μ}	-	Parameter des Mobilitäts-Modells
β	J-1	Kehrwert der thermischen Energie, $(k_B T)^{-1}$
β_{Sp}	-	Resonator-Selektivität
β_{V}	K	Parameter des Varshni-Modells
β_{μ}	-	Parameter des Mobilitäts-Modells
Γ	-	Überlapp-Integral
$\gamma_{1/2}$	m-1	Parameter der Theorie der gekoppelten Wellen
γ_{μ}	-	Parameter des Mobilitäts-Modells
ΔE_{A}	eV	Abstand des Akzeptor-Niveaus zur Valenzbandkante
ΔE_{C}	eV	Leitungsband-Diskontinuität
ΔE_{D}	eV	Abstand des Donator-Niveaus zur Leitungsbandkante
$\Delta E_{\mathrm{G,QW}}$	eV	Änderung der Bandlücke im Quantenfilm
$\Delta E_{\mathrm{G,WVG}}$	eV	Änderung der Bandlücke im Wellenleiter
ΔE_{V}	eV	Valenzband-Diskontinuität
$\delta n_{\mathrm{opt},n}$	m3	Ladungsträger-induzierte Änderung des Brechungsindex
$\delta n_{\mathrm{opt},T}$	K-1	thermisch induzierte Änderung des Brechungsindex
δn_{VBG}	-	Amplitude der Brechungsindex-Modulation im VBG
$\Delta \mathrm{x}$	m	Verschiebung der rückgekoppelten Intensitätsverteilung entlang der vertikalen Achse
$\Delta x'$	m	Abstand der Gitterpunkte auf der Eintrittsflache beim Beugungsintegral
Δx_{FAC}	m	Dejustage der FAC in vertikaler Richtung
Δz	m	Abstand der Ebenen bei optischer Propagation
Δz_{FAC}	m	Dejustage der FAC in longitudinaler Richtung

$\delta_{\mu\nu}$	-	Kronecker-Delta
ε	- / K	maximale Veränderung des betrachteten Felds zwischen zwei Iterationsschritten
ε_0	$AsV^{-1}m^{-1}$	Vakuum-Permittivität
$\varepsilon_{\mathrm{Ph}}$	-	relative Toleranz der optischen Iteration
ε_{r}	-	relative Permittivität
ε_T	K	absolute Toleranz der thermischen Iteration
ζ	m	Parameter der Theorie der gekoppelten Wellen
ζ_i	-	Koeffizienten der Faktorisierung der WA-BPM
η_{inj}	-	Injektionseffizienz
$\eta_{\mathrm{n/p}}$	-	Argument des Fermi-Integrals
θ_y	°	lateraler Divergenzwinkel
ϑ	m^{-1}	Parameter der Theorie der gekoppelten Wellen
κ	$Wm^{-1}K^{-1}$	Wärmeleitfähigkeit
κ_{CWT}	m^{-1}	Parameter der Theorie der gekoppelten Wellen
λ	m	Wellenlänge
Λ	m	Gitterperiode
μ_{max}	$m^2V^{-1}s^{-1}$	Parameter des Mobilitäts-Modells
μ_{min}	$m^2V^{-1}s^{-1}$	Parameter des Mobilitäts-Modells
$\mu_{n/p}$	$m^2V^{-1}s^{-1}$	Mobilität der Elektronen bzw. Löcher
$\vec{\xi}$	m	dreidimensionaler Abstandsvektor
$\vec{\xi}_{\mathrm{2D}}$	m	zweidimensionaler Abstandsvektor
ξ_i	-	Koeffizienten der Faktorisierung der WA-BPM
ρ	Cm^{-3}	Ladungsdichte
$\sigma_{\mathrm{FCA},n/p}$	m^2	Absorptionsquerschnitt der Free-Carrier-Absorption für Elektronen bzw. Löcher
$\sigma_{n/p}$	$Am^{-1}V^{-1}$	elektrische Leitfähigkeit der Elektronen bzw. Löcher
σ_{T}	m^2	Querschnitt der nichtstrahlenden Rekombinationszentren
$\tau_{n/p}$	s	Minoritätsladungsträger-Lebensdauer der Elektronen bzw. Löcher
ϕ	V	elektrostatisches Potential

ϕ_0	V	elektrostatisches Potential unter Annahme der Ladungsträgerneutralität
$\phi_{C/V}$	V	effektives Potential im Leitungs- bzw. Valenzband
$\phi_{n/p}$	V	Quasifermi-Potential der Elektronen bzw. Löcher
ϕ_{Rot}	°	Rotationswinkel der Intensitätsverteilung
ψ	Vm^{-1}	skalares optisches Feld
ψ_0	Vm^{-1}	austretendes Feld an der Frontfacette
ψ_{FB}	Vm^{-1}	rückgekoppeltes optisches Feld
ψ_{Grund}	Vm^{-1}	vertikale Grundmode des Wellenleiters
ψ_ν	Vm^{-1}	Einhüllende des elektrischen Felds mit Polarisation ν
ω	s^{-1}	Kreisfrequenz
Ω	-	Simulationsdomäne des Drift-Diffusions-Modells
∂_i	-	partielle Ableitung nach i
∂V_k	-	Rand der Menge V_k
$\partial\Omega_{Ohm}$	-	ohmsche Kontakte am Rand der Domäne
$\partial\Omega_{SR}$	-	Rand der Domäne mit Oberflächenrekombination
$\vec{\nabla}$	-	Nabla-Operator

1 Einleitung

1.1 Motivation

Hochleistungslaserdioden stellen aufgrund ihrer herausragenden Eigenschaften eine Schlüsselkomponente in der Photonik des 21. Jahrhunderts dar. Der hohe elektrooptische Wirkungsgrad mit Rekordwerten von über 70 % für Einzelemitter [1] und über 60 % für Laserdioden-Barren im Kilowatt-Bereich [2] macht diese zur mit Abstand energieeffizientesten Lichtquelle [3]. Darüber hinaus ermöglicht die große Verstärkung der Halbleiterquantenfilme als aktive Zone einer Laserdiode den Aufbau äußerst kompakter Bauelemente mit Abmessungen zwischen einigen 100 Mikrometern und wenigen Millimetern für Einzelemitter. Die hohe Zuverlässigkeit von Laserdioden mit Lebensdauern von über 25.000 Stunden [4] stellt einen weiteren Vorteil gegenüber anderen Lasersystemen dar. Die Entwicklung der erzielbaren Strahldichte und der Kosten bei konstanter Strahldichte ist in den letzten drei Jahrzehnten exponentiell verlaufen und lässt sich damit wie ein Mooresches Gesetz der Laserdioden interpretieren [5].

Die Ausgangsleistung einzelner Laserdioden-Emitter im Dauerstrichbetrieb ist derzeit auf Werte von etwa 25 W begrenzt [6]. Um die insbesondere in der Materialbearbeitung erforderlichen Leistungen im Kilowatt-Bereich erreichen zu können, muss die Strahlung mehrerer Emitter überlagert werden. Wird dies durch eine räumliche Überlagerung der einzelnen Teilstrahlen in Form von Laserdioden-Barren oder Laserdioden-Stapeln realisiert, lässt sich die Gesamtleistung des Systems zwar erhöhen, die Strahldichte bleibt jedoch im besten Fall konstant [7]. Eine Skalierung der Strahldichte ist durch die inkohärente Überlagerung der Strahlung von Laserdioden unterschiedlicher Wellenlängen mithilfe von dielektrischen Kantenfiltern möglich [8]. Die spektrale Breite der Laserdioden mit Werten zwischen 3 nm und 6 nm sowie die thermische Drift der Zentralwellenlänge von 0,3 nm/K [9] führen jedoch dazu, dass für die einzelnen Kanäle spektrale Abstände von mindestens 20 nm [10] gewählt werden müssen (Coarse Wavelenth Division Multiplexing, CWDM). Durch spektrale Stabilisierung der Einzelemitter kann die Breite des Emissionsspektrums auf weniger als 120 pm reduziert [11, 12] und so eine hohe Kanaldichte innerhalb des vorgesehenen Wellenlängenintervalls ermöglicht werden (Dense Wavelength Division Multiplexing, DWDM).

Die spektrale Stabilisierung lässt sich monolithisch mithilfe von resonatorinternen Gittern [13, 14] oder durch eine externe Rückkopplung von Volumenbeugungsgittern (VBG) [15-17], Faser-Bragg-Gittern (FBG) [18] oder Oberflächengittern [19, 20] erzielen. Während die resonatorinternen Gitter zwar den Vorteil einer vollständig integrierten Lösung bieten, wird die Effizienz durch die beim Einbringen des Gitters stattfindenden Ätzprozesse und die daraus resultierenden Verluste um mehr als 5 % gegenüber herkömmlichen Fabry-Perot Laserdioden verringert [21]. Weiterhin ist die thermische Drift der Zentralwellenlänge größer im Vergleich zur externen spektralen Stabilisierung [11, 22], sodass die externe Rückkopplung beim DWDM häufig bevorzugt wird. Letztere weist jedoch neben dem aufwändigeren und größeren Optiksystem den Nachteil einer deutlich reduzierten Lebensdauer und einer verringerten Schwelle für katastrophale optische Degradation (Catastrophic Optical Damage, COD) auf [23-25].

Spektral stabilisierte Hochleistungsdiodenlaser-Systeme auf DWDM-Basis werden derzeit in der Materialbearbeitung einerseits als Pumpquellen für Faser- und Scheibenlaser verwendet [26], wobei die enge Abstimmung des Emissionsspektrums auf die Absorptionslinien von Ytterbium eine entscheidende Voraussetzung für ein effizientes Gesamtsystem darstellt. Andererseits werden auch zunehmend sogenannte direkte Diodenlaser-Systeme eingesetzt [27, 28], bei denen die Strahlung der Laserdioden ohne eine weitere Umwandlung durch ein anderes laseraktives Medium zur Materialbearbeitung genutzt wird. Dadurch versprechen diese Systeme höchste Effizienzen [29] für eine grüne Produktion der Zukunft. Der Markanteil der direkten Diodenlaser-Systeme am gesamten Markt für Lasersysteme in der Materialbearbeitung ist im Zeitraum von 2013 bis 2018 von 8,5 % auf 11,2 % gestiegen, Bild 1.1. Eine größere Marktdurchdringung wird jedoch unter anderem durch die genannte Reduktion der Zuverlässigkeit infolge externer optischer Rückkopplung verhindert.

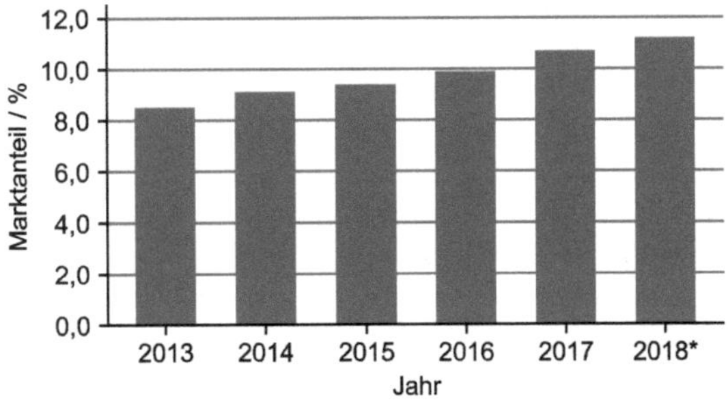

Bild 1.1: Anteil direkter Diodenlaser-Systeme am Markt für Lasersysteme in der Materialbearbeitung (Daten extrahiert aus [29], Originaldaten aus [30]). * Prognose für 2018

Durch den plötzlichen Ausfall einzelner Emitter infolge eines COD kann in Hochleistungsdiodenlaser-Systemen der Austausch eines gesamten Laser-Moduls erforderlich sein, was in der Produktion mit erheblichen Ausfallzeiten und Kostensteigerungen verbunden ist. Um dennoch die im industriellen Umfeld zugesicherten Lebensdauern einhalten zu können, werden die Laserdioden häufig an einem Arbeitspunkt weit unterhalb der maximal möglichen Ausgangsleistung betrieben, wodurch die Anzahl der benötigten Emitter erhöht und die resultierende Strahlqualität des Gesamtsystems verringert wird. Dies gilt insbesondere für spektral stabilisierte Laserdioden mit externer optischer Rückkopplung, bei denen die Ursachen der erhöhten Anfälligkeit für den COD noch weitgehend unerforscht sind. Die zugrunde liegenden physikalischen Mechanismen sind dabei einerseits im Rahmen experimenteller Untersuchungen nur begrenzt und mit großem Aufwand zugänglich.

Andererseits liegt bisher auch keine konsistente Beschreibung dieser Effekte in einem numerischen Modell einer Laserdiode vor. Aus diesem Grund wird in der vorliegenden Arbeit eine Abbildung der Auswirkungen von externer optischer Rückkopplung auf die katastrophale Degradation von Laserdioden mit einem multiphysikalischen Modell angestrebt, um das Verständnis der Einflussfaktoren beim Auftreten des COD zu erweitern und entsprechende Gegenmaßnahmen entwickeln zu können.

Die Aktivitäten zur Modellierung von Hochleistungslaserdioden gehen dabei auf eine mehrjährige, enge Kooperation des Fraunhofer-Instituts für Lasertechnik (ILT), des Lehrstuhls für Lasertechnik (LLT) der RWTH Aachen und der TRUMPF Photonics Inc. zurück. In einer ersten Projektphase wurde dabei das Grundgerüst der Diodenlaser-Simulationssoftware SEMSIS (**Sem**iconductor Laser **Si**mulation **S**oftware) entwickelt und zur Beschreibung des lateralen Emissionsverhaltens von Breitstreifenemittern genutzt [31]. Die Fragestellungen zur erhöhten COD-Anfälligkeit von Laserdioden durch externe optische Rückkopplung, die Gegenstand der vorliegenden Dissertation sind, wurden im Verlauf einer zweiten gemeinsamen Projektphase untersucht.

1.2 Zielsetzung und Vorgehensweise

Im Rahmen dieser Arbeit sollen die physikalischen Effekte, die die zuvor angesprochene Verringerung der Lebensdauer und der COD-Schwelle von Laserdioden durch externe optische Rückkopplung zur Folge haben, mit einem modell-theoretischen Ansatz systematisch analysiert werden. Bisher liegen zu diesem Problem ausschließlich experimentelle Studien vor [23, 25, 32-34], die eine Absorption der rückgekoppelten Strahlung in den Metallschichten der Laserdiode durch Dejustage des externen optischen Systems und die daraus resultierende Temperaturzunahme feststellen. Durch welche Effekte genau dieser Temperaturanstieg zu katastrophaler Degradation führen kann, ist derzeit nicht bekannt. Eine Erweiterung des Verständnisses der Mechanismen, die zum COD im Allgemeinen sowie zum Rückreflex-induzierten COD im Speziellen führen, stellt das erste Ziel dieser Dissertation dar und wird durch die Entwicklung eines geeigneten multiphysikalischen Modells einer Laserdiode unter Berücksichtigung der externen optischen Rückkopplung umgesetzt.

Die dazu in den folgenden Kapiteln vorgestellten Algorithmen und Modelle werden in die Diodenlaser-Simulationssoftware SEMSIS integriert, die am Fraunhofer ILT entwickelt wurde. Sie stellen damit einen digitalen Prototyp einer Laserdiode mit externer optischer Rückkopplung dar, der die Auswirkungen dieser Rückkopplung auf die Tendenz zu katastrophaler Degradation abbilden kann. Im Rahmen des Technology Computer Aided Design (TCAD) wird dieser digitale Prototyp dann zu einem prädiktiven Design von neuartigen Halbleiterstrukturen bzw. von externen Resonatoren verwendet, die eine höhere Resilienz gegenüber Dejustagen der optischen Elemente aufweisen. Dadurch können zeit- und kostenaufwändige Parameterstudien an real gefertigten Laserdioden reduziert werden. Hierbei ist das erwartete Potential einer Optimierung der Laserdioden sehr groß, da diese bisher nicht gezielt für den Betrieb mit optischer Rückkopplung ausgelegt werden. Diese

Entwicklung und Bewertung von Laserdiodenstrukturen mit verringerter Rückreflex-Empfindlichkeit stellen das zweite Ziel dieser Arbeit dar.

Die Gliederung der Arbeit erfolgt dabei folgendermaßen, Bild 1.2: In Kapitel 2 wird zunächst der aktuelle Stand der Technik in Bezug auf Hochleistungslaserdioden im Allgemeinen, sowie im Speziellen auf deren Modellierung und Degradation wiedergegeben. Die Definition der im Rahmen dieser Arbeit zu beantwortenden Forschungsfragen erfolgt in Kapitel 3. Das multiphysikalische Modell zur Beschreibung einer External-Cavity Laserdiode (ECDL) wird in Kapitel 4 erläutert. Dabei wird insbesondere auf das wellenoptische Modell des externen Resonators und dessen beschleunigte Berechnung mithilfe von Grafikprozessoren eingegangen. Weiterhin wird das Modell des elektrischen Transports für inhomogene Temperaturverteilungen, dessen numerische Diskretisierung und die Kopplung an optische und thermische Modelle diskutiert. Abschließend wird das Modell anhand einer Beispielstruktur aus der Literatur verifiziert. Dieses Modell wird in Kapitel 5 genutzt, um Simulationsrechnungen zum COD durchzuführen und den Einfluss verschiedener physikalischer Effekte zu analysieren. Dabei werden unterschiedliche Varianten zur Triggerung des COD untersucht, wie die Einführung einer zusätzlichen Wärmequelle, ein erhöhter Überhang des Halbleiterchips über die Wärmesenke oder dejustierte externe optische Rückkopplung. Weiterhin wird das Modell anhand experimenteller Daten validiert. Eine Evaluation verschiedener Ansätze zur Reduktion der Rückreflex-Empfindlichkeit von Laserdioden bzw. der Sensitivität des externen Resonators erfolgt in Kapitel 6. Schließlich werden in Kapitel 7 die Ergebnisse dieser Arbeit zusammengefasst und es wird ein Ausblick auf zukünftige Fragestellungen in diesem Themengebiet gegeben.

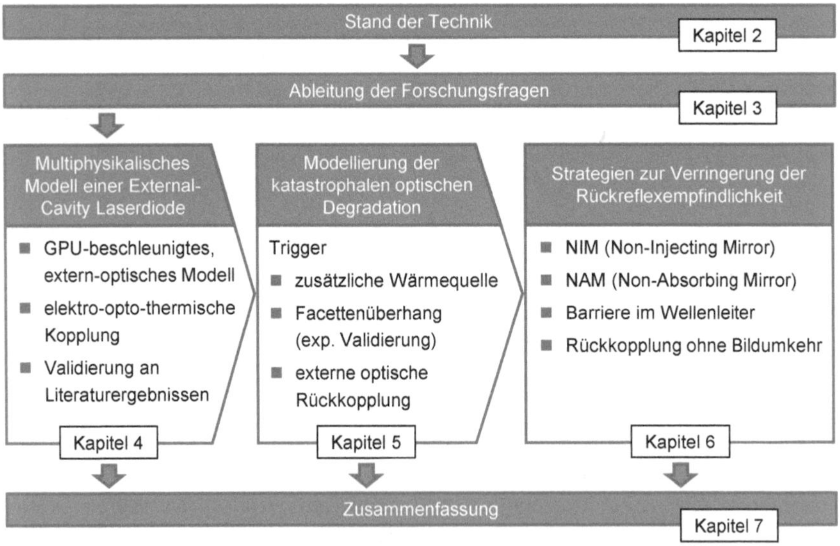

Bild 1.2: Vorgehensweise in dieser Arbeit und Zuordnung zu den jeweiligen Kapiteln.

2 Stand der Technik

In diesem Kapitel wird der Stand der Technik in Bezug auf Hochleistungslaserdioden sowie deren Modellierung und Degradation zusammengefasst. Dabei werden zunächst in Abschnitt 2.1 der grundsätzliche Aufbau der Laserdioden und die einzelnen Herstellungsschritte diskutiert. Der aktuelle Stand der Erkenntnisse zur Degradation von Laserdioden wird in Abschnitt 2.2 wiedergegeben. In Abschnitt 2.3 wird der Stand der Technik bei der Modellierung von Laserdioden vorgestellt, bevor in Abschnitt 2.4 erreichte Kennzahlen und derzeit mögliche bzw. zukünftig denkbare Anwendungen dargestellt werden. Abschließend werden in Abschnitt 2.5 die wesentlichen Defizite im aktuellen Stand der Technik kurz zusammengefasst.

2.1 Aufbau von Hochleistungslaserdioden

Der schematische Aufbau einer Hochleistungslaserdiode in Kantenemitter-Bauform ist in Bild 2.1 dargestellt. Auf das Halbleitersubstrat, für den Wellenlängenbereich zwischen 700 nm und 1100 nm typischerweise n-dotiertes Galliumarsenid (GaAs) [35], werden mittels metallorganischer Gasphasenepitaxie (Metalorganic Vapour-Phase Epitaxy, MOVPE) oder Molekularstrahlepitaxie (Molecular Beam Epitaxy, MBE) eine Reihe weiterer Halbleiterschichten gewachsen [36]. Diese unterscheiden sich in ihrer Legierungszusammensetzung, der Dicke sowie der Dotierungskonzentration und bilden so eine pin-Diode. Aufgrund der sehr geringen Gitterfehlanpassung zu GaAs eignet sich insbesondere Aluminiumgalliumarsenid (AlGaAs) mit variablem Al-Anteil zum Aufbau spannungsfreier Heterostrukturen [37]. Durch Variation des Al-Gehalts wird in Wachstumsrichtung (x-Achse bzw. vertikale Achse) ein Wellenleiter gebildet, der die entstehende optische Mode führt. Durch die auf das Substrat bzw. das Ende der Heterostruktur aufgedampften Metallkontakte können Elektronen und Löcher injiziert werden, die sich aufgrund der Bandkantenverläufe im Quantenfilm der Struktur in hoher Konzentration sammeln und dort optische Verstärkung ermöglichen.

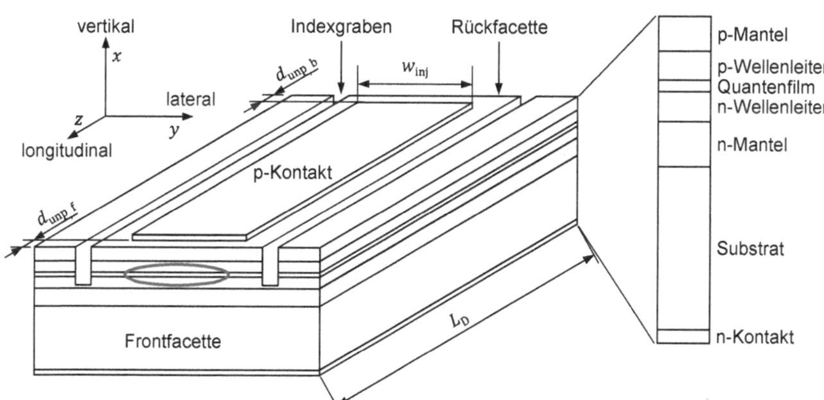

Bild 2.1: Schematischer Aufbau einer Hochleistungslaserdiode (nicht maßstabsgetreu) mit Bezeichnung der wesentlichen Schichten der Halbleiterheterostruktur und einiger geometrischer Abmessungen.

Die geringe Dicke des Quantenfilms (5-10 nm) als aktive Zone der Laserdiode sorgt aufgrund der einsetzenden Quantisierung der Energieniveaus für eine größere Verstärkung und eine kleinere Transparenz-Ladungsträgerdichte im Vergleich zu aktiven Schichten aus Bulk-Material [38]. Die Ladungsträger sind somit im Vergleich zur optischen Mode auf einen deutlich kleineren Bereich in vertikaler Richtung konzentriert (Separate Confinement Heterostructure) [36]. Als Material der Quantenfilme wird im Wellenlängenbereich von 900 nm bis 1100 nm Indium-galliumarsenid (InGaAs) gewählt [35], wobei die genaue Wellenlänge durch Variation des Indium-Gehalts eingestellt werden kann. Durch die Gitterfehlanpassung dieses Materials gegenüber GaAs wird der Quantenfilm kompressiv verspannt. Diese Verspannung bewirkt eine erhebliche Vergrößerung der optischen Verstärkung der TE-Mode (Polarisation des elektrischen Feldes in lateraler Richtung) im Vergleich zur TM-Mode (Polarisation in vertikaler Richtung) [39] und ermöglicht bei diesen Bauelementen Polarisationsgrade von über 95 % [40].

Die Begrenzung der optischen Mode in lateraler Richtung (y-Achse) erfolgt im Bereich hoher Leistungen meist durch die Breite des p-Kontakts w_{inj}. Diese beschränkt den lateralen Bereich, in dem optische Verstärkung vorliegt (Gewinnführung bzw. Gain Guiding). Die in Bild 2.1 eingezeichneten Indexgräben, die in die Heterostruktur hineingeätzt werden, bilden eine weitere Möglichkeit zur lateralen Begrenzung des optisches Feldes, führen allerdings zu einem höheren Strahlparameterprodukt und einem verringerten Polarisationsgrad [41]. Häufig werden diese jedoch auch in gewinngeführten Strukturen mit größerem Abstand zum Injektionsstreifen verwendet, um die Entstehung von Lasermoden, die sich in lateraler Richtung ausbreiten, zu verhindern [36].

Die Front- und Rückfacette der Laserdiode entstehen durch Brechen des Chips entlang der kristallographischen (110)-Ebene. Die Reflektivitäten werden durch Beschichtung, z. B. mit einer Schichtfolge aus TiO_2 und SiO_2 für hohe Reflektivität bzw. einer Einzelschicht Al_2O_3 für niedrige Reflektivität, eingestellt [35]. Die große Verstärkung des Halbleitermediums erfordert hierbei, je nach Länge der Laserdiode, Reflektivitäten der Frontfacette im Bereich von 2-10 % für einen möglichst effizienten Betrieb [36].

Nach der Prozessierung werden die Substrate in Einzelemitter oder eindimensionale Arrays von Emittern (Laserdioden-Barren) vereinzelt. Diese werden schließlich auf eine Wärmesenke gelötet, deren thermischer Ausdehnungskoeffizient dem von GaAs angepasst ist (CTE-Match), um thermisch induzierte Verspannungen zu minimieren [42]. Die Chips werden dabei in der Regel mit der p-Seite nach unten auf die Wärmesenke aufgelötet, damit die überwiegend in der Epistruktur anfallende Wärme besser abgeleitet werden kann. Diese Wärmesenke kann dann wiederum auf einen aktiv gekühlten Mikrokanal-Kühler gelötet werden [43].

2.2 Degradation von Laserdioden

Bei Laserdioden treten drei verschiedene Arten der Degradation auf: rapide Degradation, graduelle Degradation und katastrophale optische Degradation [44-47]. Zur Unterscheidung dient der qualitative Verlauf der Ausgangsleistung als Funktion der Alterungsdauer für einen Betrieb bei konstantem Strom, Bild 2.2. Im Folgenden werden die drei Arten der Degradation jeweils detailliert beschrieben.

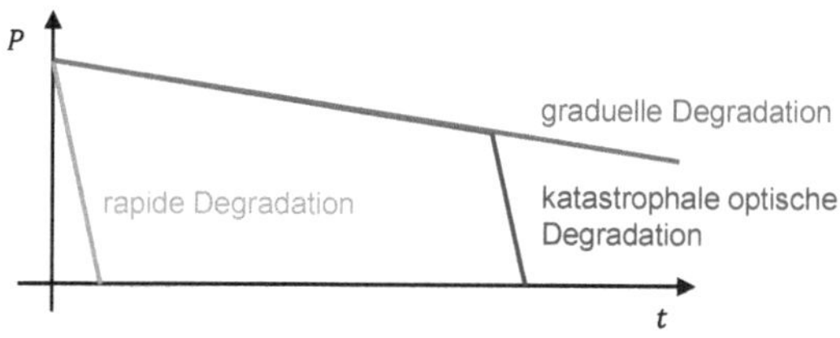

Bild 2.2: Klassifikation des Degradationsverhaltens von Laserdioden in rapide, graduelle und katastrophale optische Degradation anhand des Abfalls der Ausgangsleistung als Funktion der Betriebsdauer, in Anlehnung an [45].

2.2.1 Rapide Degradation

Bei der rapiden Degradation fällt die Ausgangsleistung der Laserdiode in den ersten Betriebsstunden bereits deutlich ab. Dies ist häufig auf ausgedehnte Versetzungen im Wellenleiter der Laserdiode zurückzuführen, die bereits im Fabrikationsprozess entstanden sind [45]. An diesen Versetzungen rekombinieren die injizierten Ladungsträger nichtstrahlend, sodass die Ausgangsleistung reduziert wird und die Versetzungen in Elektro- oder Kathodolumineszenz-Aufnahmen (EL, CL) als dunkle Linien sichtbar sind (Dark Line Defect, DLD). Die hierbei freigesetzte Energie führt zu einer weiteren Ausbreitung der Versetzungen durch Kletter- und Gleit-Prozesse (Recombination-Enhanced Dislocation Climb / Glide, REDC / REDG) [44]. Dieses Wachstum der Versetzungen bewirkt den charakteristischen schnellen Abfall der Ausgangsleistung. Laserdioden, die eine rapide Degradation aufweisen, werden üblicherweise direkt nach der Produktion mit einem Burn-In-Test identifiziert und ausgesondert [48].

2.2.2 Graduelle Degradation

Die graduelle Degradation ist gekennzeichnet durch einen langsamen Leistungsabfall mit zunehmender Betriebsdauer. Während des Betriebs bilden sich im Halbleiterkristall Punktdefekte [49] wie beispielsweise Leerstellen und Substitutionsatome. Diese Punktdefekte wirken im Halbleiter als nichtstrahlende Rekombinationszentren und verringern somit die Ausgangsleistung der Laserdiode. Die Entstehung von Punktdefekten wird durch erhöhte Temperaturen [50] und mechanische Verspannungen begünstigt [49]. Wie auch bei der rapiden Degradation kann die nichtstrahlende Rekombination die Bildung weiterer Punktdefekte erleichtern und den Degradationsprozess weiter vorantreiben [44]. Da es sich jedoch nicht um ausgedehnte Defekt-Netzwerke, sondern nur um atomare Einzeldefekte handelt, läuft der Alterungsprozess auf erheblich größeren Zeitskalen von mehreren 1.000 bis 10.000 Stunden ab [51].

2.2.3 Katastrophale optische Degradation

Die katastrophale optische Degradation (COD) zeichnet sich durch einen abrupten, irreversiblen Leistungsabfall einer Laserdiode aus. Bereits im Jahr 1966, also gerade einmal vier Jahre nach dem ersten erfolgreichen Betrieb einer Laserdiode, wird das Auftreten dieses Effekts bei einer GaAs-basierten Homostruktur-Laserdiode bei hohen Pulsströmen beschrieben [52]. Das Einsetzen des COD ist dabei meist an das Überschreiten einer bestimmten Schwelle der Ausgangsleistung gebunden [53]. Der Ablauf eines COD kann in drei Phasen unterteilt werden [53], Bild 2.3. Während der ersten Phase, deren Dauer je nach Betriebsmodus des Lasers zwischen einigen Nanosekunden (im Pulsbetrieb) und einigen Jahren (im Dauerstrichbetrieb) liegen kann, wird ein mikroskopisches Volumen der Halbleiterstruktur bis auf eine kritische Temperatur aufgeheizt. Diese kritische Temperatur wird als Startpunkt des thermischen Durchgehens definiert, das in der zweiten Phase stattfindet. Dabei handelt es sich um einen selbstverstärkenden, instabilen Rückkopplungs-Prozess, bei dem durch eine starke Zunahme der Wärmequellen als Funktion der Temperatur eine sehr schnell steigende Maximaltemperatur verursacht wird [54]. Dies führt schließlich innerhalb von wenigen Nanosekunden zum Aufschmelzen eines mikroskopisch kleinen Volumens innerhalb des Wellenleiters der Laserdiode. In der dritten Phase breitet sich diese Schmelze, getrieben durch das optische Feld, auf einer makroskopischen Längenskala entlang der Resonatorachse der Laserdiode aus und rekristallisiert. Die rekristallisierten Bereiche weisen dabei eine hohe Dichte an Punktdefekten und Versetzungen auf, sodass eine dauerhafte Beschädigung der Laserdiode vorliegt. In EL- oder CL-Aufnahmen können die ausgedehnten Versetzungen ähnlich wie bei der rapiden Degradation als dunkle Bereiche identifiziert werden. Diese letzte Phase findet auf einer Zeitskala von Mikro- bis Millisekunden statt und geht mit einer deutlichen Abnahme der Maximaltemperatur und der Ausgangsleistung der Laserdiode einher.

Die physikalischen Ursachen für das Erreichen der kritischen Temperatur hängen stark von den Betriebsbedingungen und dem initialen Zustand der Laserdiode ab. Lässt sich anhand der EL- bzw. CL-Aufnahmen der Startpunkt des COD eindeutig feststellen, kann zumindest ansatzweise auf die Ursachen der Temperaturerhöhung geschlossen werden. Häufig beginnt der COD unmittelbar an der Frontfacette der Laserdiode (Catastrophic Optical Mirror Damage, COMD), da diese aufgrund der schlechteren thermischen Anbindung durch die Montage mit Überhang [53] und wegen der dort auftretenden maximalen optischen Intensität die stärkste Belastung erfährt. Weiterhin entstehen durch das Brechen der Facetten nicht-abgesättigte Bindungen am abrupten Ende des Halbleiterkristalls, die als nichtstrahlende Rekombinations- und Absorptionszentren wirken können [35, 46]. Durch Fortschritte in der Facettenbeschichtung kann in bestimmten Fällen das Auftreten des COD an der Facette verhindert werden. Der Ausgangspunkt des COD befindet sich dann im Inneren der

Laserdiode (Catastrophic Optical Bulk Damage, COBD) [33, 55, 56]. Stimmt die laterale Ausgangsposition des COD mit der lateralen Position eines Filaments der Nahfeldverteilung überein, ist eine lokale Temperaturerhöhung durch die Intensitätsspitzen naheliegend [57, 58]. Die graduelle Degradation kann ebenfalls durch eine lokal zunehmende Anzahl an Punktdefekten eine erhöhte nichtstrahlende Rekombinationsrate und damit eine lokale Temperaturerhöhung verursachen, wodurch die COD-Schwelle mit zunehmender Betriebsdauer abnimmt [35, 53]. Der Wert der erforderlichen kritischen Temperatur lässt sich mithilfe der Mikro-Raman-Spektroskopie auf einen Bereich von 390 K bis 430 K eingrenzen [53]. Dies entspricht einer kritischen Temperaturdifferenz zwischen dem späteren COD-Ausgangspunkt und seiner Umgebung von etwa 100 K bis 140 K. Allerdings wird bei dieser Methode aufgrund der vergleichsweise geringen räumlichen Auflösung im Mikrometer-Bereich ein Mittelwert der Temperatur über Wellenleiter- und Mantelschichten gemessen, sodass die Maximaltemperatur im Quantenfilm deutlich größer sein kann [59].

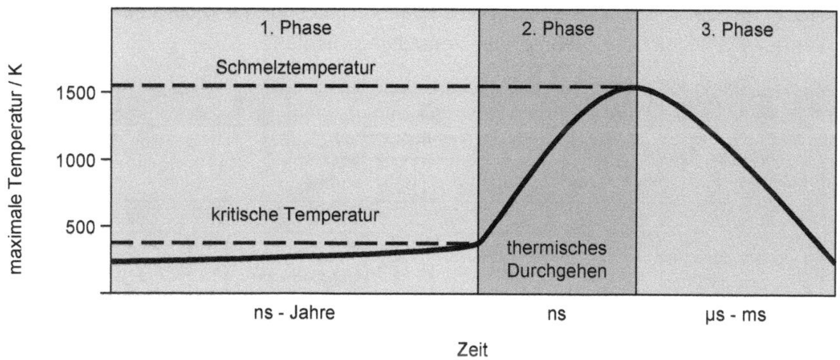

Bild 2.3: Die drei Phasen des COD-Prozesses in Anlehnung an [53].

Der Prozess des thermischen Durchgehens wird qualitativ in der Literatur auf verschiedene Arten beschrieben. In Bild 2.4 werden intrinsische und extrinsische Rückkopplungsschleifen einander gegenübergestellt [53]. Im intrinsischen Fall führt eine lokale Temperaturerhöhung zu einer thermisch bedingten Verringerung der Bandlücke des Halbleiters. Die kleinere Bandlücke wiederum bewirkt eine Verschiebung des Verstärkungsspektrums zu höheren Wellenlängen. Da die Aufheizung nur lokal erfolgt, findet die Emission der Laserstrahlung unverändert bei der Wellenlänge statt, für die die optische Verstärkung bei der mittleren Temperatur des Quantenfilms maximiert wird. Bei ausreichend großer Verschiebung des Verstärkungsspektrums kann somit der Fall auftreten, dass die Laserstrahlung im lokal aufgeheizten Bereich absorbiert wird. Die Absorption führt dort zu einer Erhöhung der Elektronen- und Löcherdichte, die wiederum eine erhöhte nichtstrahlende Rekombinationsrate und damit eine weitere lokale Aufheizung bedingt [53, 54]. Dieser Prozess setzt sich fort, bis die Schmelztemperatur des Halbleitermaterials erreicht wird. Je nach Zusammensetzung der Heterostruktur ist auch ein Verlust der

Transparenz der Mantelschichten bei der Laserwellenlänge durch die thermisch induzierte Verringerung der Bandlücke als Startpunkt der Rückkopplungsschleife denkbar [60]. Die lokale Temperaturerhöhung kann auch eine lokale Zunahme der Stromdichte innerhalb des Halbleiters zur Folge haben, die zu einer Zunahme der jouleschen Wärme führt und somit ebenfalls die Rückkopplungsschleife schließen kann [61, 62].

Während bei den intrinsischen Rückkopplungsschleifen stets ideale Halbleiter betrachtet werden, berücksichtigen die extrinsischen Rückkopplungsschleifen zusätzlich den Einfluss von Punktdefekten bzw. Versetzungen, deren Entstehung mit zunehmender Temperatur begünstigt wird [53]. Die lokal erhöhte Punktdefektdichte zieht wiederum eine erhöhte nichtstrahlende Rekombination nach sich, was zu einer weiteren Temperaturerhöhung führt und damit die Rückkopplungsschleife schließt. Schließlich wird in [63] noch die Entstehung von Versetzungen durch thermo-mechanische Spannungen berücksichtigt. Der weitere Temperaturanstieg erfolgt in diesem Fall durch optische Absorption an den Versetzungen und die Verringerung der Wärmeleitfähigkeit bei zunehmender Versetzungsdichte.

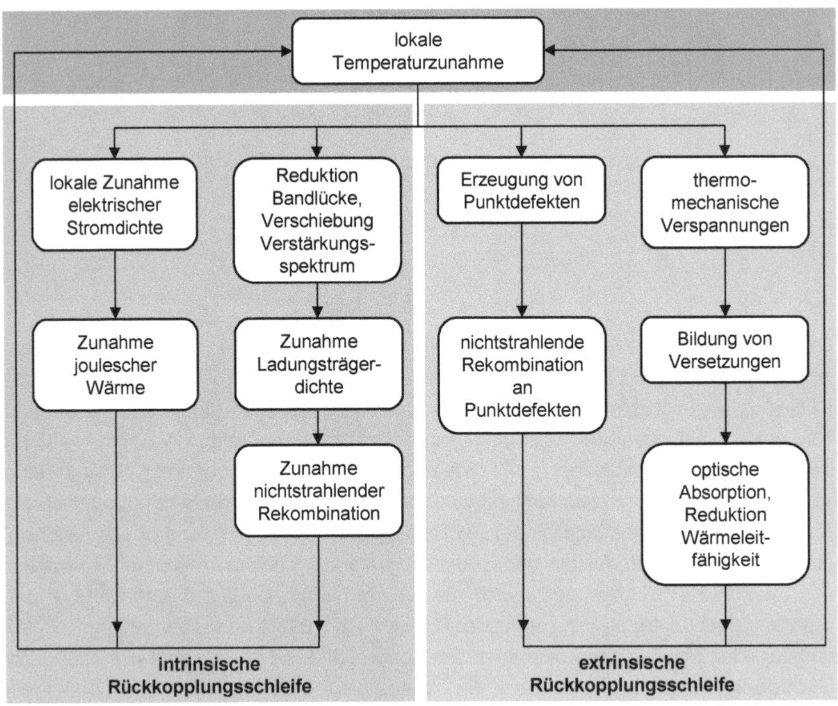

Bild 2.4: Intrinsische und extrinsische Rückkopplungsschleife zur Beschreibung des thermischen Durchgehens.

Durch eine Vielzahl von Analyseverfahren können die einzelnen Phasen des COD sichtbar gemacht werden. Mithilfe einer Thermokamera kann nachgewiesen werden, dass ein kleines Volumen an der Facette Temperaturen im Bereich der Schmelztemperatur von GaAs erreicht [45]. Durch Verwendung einer Streak-Kamera kann durch die zeitliche Auflösung im Pikosekunden-Bereich eine lokale Reduktion der emittierten Intensitätsverteilung während der dritten COD-Phase beobachtet werden [45]. Zeitaufgelöste EL-Messungen an Lasern mit einer Öffnung im n-Kontakt können die Ausbreitung der Defekte in longitudinaler Richtung sichtbar machen [64]. Zum gezielten Herbeiführen des COD und zur Vermeidung von Langzeittests werden häufig Lebensdauertests im Pulsbetrieb durchgeführt. Beim sogenannten Step-Test wird die Stromstärke der Einzelpulse bei gleichbleibender Pulsdauer solange erhöht, bis ein COD auftritt. Dieser wird mithilfe eines folgenden Testpulses bei deutlich verringerter Stromstärke anhand einer Leistungs- oder Nahfeldmessung nachgewiesen [45].

2.2.4 Degradation unter externer optischer Rückkopplung

Bei Laserdioden mit spektraler Stabilisierung durch externe optische Rückkopplung, wie sie beispielweise beim DWDM eingesetzt werden, treten sowohl eine beschleunigte graduelle Degradation [65] als auch eine reduzierte COD-Schwelle [33] auf. Für Laserdioden mit einer Emissionswellenlänge von 808 nm kann durch 25 % optische Rückkopplung die Reduktion der Ausgangsleistung durch graduelle Degradation mehr als verdoppelt werden [34]. Die Entstehung von Punktdefekten während der Alterung bleibt dabei auf die Mantel- und Wellenleiterschichten in der Nähe der Frontfacette beschränkt. Externe Rückkopplung kann außerdem eine verstärkte Filamentierung des optischen Feldes bewirken und dadurch zu einer Abnahme der COD-Schwelle führen [23, 24]. Eine höhere Reflektivität der Frontfacette kann hierbei für eine geringere Empfindlichkeit des Strahlprofils und der COD-Schwelle gegenüber externer Rückkopplung sorgen [24].

Experimentelle Untersuchungen mit gezielt dejustierter Rückkopplung zeigen, dass die ungünstigste Position des rückgekoppelten Feldes stark von der Wellenlänge der verwendeten Laserdiode abhängt. Für Laserdioden mit Emissionswellenlängen unterhalb von 870 nm wird die zurückgekoppelte Strahlung im GaAs-Substrat stark absorbiert ($\alpha > 10^4$ cm^{-1}, [23]). Aus diesem Grund wird die Temperatur an der Frontfacette maximal, wenn die rückgekoppelte Strahlung wenige Mikrometer innerhalb des Substrats platziert wird [66]. An diesem Punkt treten auch die meisten Emitter-Ausfälle durch COD auf, obwohl die Intensität an der Facette dort nicht ihren maximalen Wert erreicht [67]. Bei Laserdioden mit Emissionswellenlängen zwischen 900 nm und 1000 nm wird hingegen die maximale Temperaturerhöhung in der aktiven Zone erreicht, wenn das zurückgekoppelte Feld im Bereich des p-Metalls bzw. der p-Mantelschicht liegt [32, 33]. Dies lässt sich durch die sehr geringe optische Eindringtiefe in Metallen und durch den höheren Absorptionskoeffizienten der Free-Carrier-Absorption für Löcher erklären [68]. Entsprechend wird in [33] bei einer Position des rückgekoppelten Feldes in diesem Bereich und einer externen Reflektivität von 4 % ein Abfall der COD-Schwelle bezogen auf die Ausgangsleistung um etwa 30 % gegenüber ihrem Wert ohne Dejustage beobachtet. Aufgrund der Transparenz des GaAs-Substrats bei der untersuchten Wellenlänge von 976 nm ergibt sich bei einer Dejustage in dieser Richtung keine erhöhte Facettentemperatur und damit auch keine verringerte COD-Schwelle. Im Widerspruch dazu stehen die Ergebnisse aus [25] für einen Laserbarren (980 nm bzw. 1010 nm), bei dem die zur Zerstörung führende Rückreflex-Leistung eines Emitters mit zunehmendem Abstand von der optischen Achse ansteigt, unabhängig vom Vorzeichen der Verschiebung. Einzelemitter und Randemitter weisen im Vergleich zu Emittern im Zentrum des Barrens eine geringere Rückreflex-Empfindlichkeit auf, da hier keine Rückkopplung von Nachbaremittern bzw. lediglich Rückkopplung von einem Nachbaremitter vorliegt [65].

Schließlich wird in [69] die Reduktion der COD-Schwelle mit zunehmender externer Reflektivität auf die kohärente Überlagerung des internen und des rückgekoppelten Feldes zurückgeführt und durch experimentelle Untersuchungen bestätigt.

2.3 Modellierung von Laserdioden

Die computergestützte Modellierung (TCAD) hat sich in den letzten Jahrzehnten zu einem bedeutenden Werkzeug bei der Entwicklung und Optimierung optoelektronischer Bauelemente entwickelt [70]. Eine prädiktive Simulation von Hochleistungslaserdioden wird dabei erschwert durch die stark nichtlineare Kopplung der auftretenden optischen, elektrischen und thermischen Effekte sowie die Berücksichtigung extrem unterschiedlicher Längen- und Zeitskalen [71]. Zweidimensionale Modelle in der transversalen Ebene der Laserdiode, die auch in kommerzieller Software verfügbar sind [72], erlauben eine Vorhersage der Leistungskennlinien und der elektro-optischen Effizienz verschiedener Designs [73]. Dabei wird das Drift-Diffusions-Modell für den elektrischen Transport selbstkonsistent mit den Photonenzahl-Ratengleichungen für die transversalen Eigenmoden und der zweidimensionalen Wärmeleitungsgleichung gelöst [74, 75]. Eine große Bedeutung kommt bei allen Modellen der Berechnung der optischen Verstärkung in Abhängigkeit von Wellenlänge, Ladungsträgerdichte und Temperatur zu. Hierfür werden komplexe Modelle auf Basis quantenmechanischer Bewegungsgleichungen für Vielteilchen-Systeme verwendet [39, 76]. Die laterale Abstrahlcharakteristik von Breitstreifenemittern kann durch wellenoptische Propagation des optischen Feldes innerhalb der Quantenfilm-Ebene und schrittweises Lösen der lateralen Ladungsträgerdiffusionsgleichung sowie der dreidimensionalen Wärmeleitungsgleichung in einer Fox-Li-Iteration bestimmt werden [31]. Ein ähnliches Vorgehen wird in [77] für die Beschreibung von Trapezlasern verwendet. Die Berücksichtigung von externer optischer Rückkopplung erfolgt in [78] mit einem strahlenoptischen und in [79] mit einem wellenoptischen Modell.

Eine prädiktive Modellierung der Degradation von Laserdioden unter Berücksichtigung der in Abschnitt 2.2.3 genannten extrinsischen Effekte wird einerseits durch die komplexen Prozesse bei der Entstehung und Ausbreitung von Punktdefekten und

Versetzungen und die Unkenntnis der zugrunde liegenden Materialparameter erschwert. Andererseits sind die Anfangsbedingungen, wie z. B. die genaue Defektverteilung zum Startzeitpunkt, nicht bekannt. Durch einige Vereinfachungen können jedoch zumindest qualitative Trends aufgezeigt werden. So wird in [80] die Erzeugung von Punktdefekten im Quantenfilm mit einer Arrhenius-Gleichung beschrieben und an eine multiphysikalische Laserdioden-Simulation gekoppelt, um die schnellere Degradation der Emitter im Zentrum eines Barrens zu beschreiben. In vielen anderen Arbeiten werden zwar komplexere Modelle zur Beschreibung der Defekt-Dynamik verwendet [81-83], durch die fehlende Kopplung an ein rigoroses Modell der Laserdiode haben diese jedoch nur begrenzte Aussagekraft.

Aus diesem Grund wird meist die intrinsische Rückkopplungsschleife, Bild 2.4, bei der ein idealer Halbleiterkristall ohne Defekt-Dynamik betrachtet wird, zur Modellierung der katastrophalen Degradation bzw. der Aufheizung der Frontfacette von Laserdioden genutzt. Ausgangspunkt der meisten Modelle ist die eindimensionale Ladungsträgerdiffusionsgleichung in longitudinaler Richtung. In [60, 84, 85] wird diese für den stationären Fall selbstkonsistent mit der ein- bzw. dreidimensionalen Wärmeleitungsgleichung gelöst, um die Facettentemperatur in Abhängigkeit verschiedener Parameter zu bestimmen. Mit diesem Modell wird in [84] gezeigt, dass die Facettentemperatur für zunehmende Oberflächenrekombinationsgeschwindigkeit ein Sättigungsverhalten aufweist, da die Ladungsträgerdichte an der Facette abnimmt. Weiterhin kann aus der Nicht-Konvergenz des thermischen Iterationsschemas auf das Eintreten des COD geschlossen werden. Mit diesem Vorgehen können kritische Werte für die Ausgangsleistung und die Oberflächenrekombinationsgeschwindigkeit bestimmt werden [85]. Auf eine selbstkonsistente Berechnung des optischen Feldes wird bei diesen Modellen allerdings verzichtet. In [86-88] werden die Ladungsträgerdichte und die Intensitätsverteilung in longitudinaler Richtung für den zeitabhängigen Fall bestimmt. Zur Temperaturberechnung wird in [86] die eindimensionale Wärmeleitungsgleichung in longitudinaler Richtung mit einem zusätzlichen Kopplungsterm an die Wärmesenke verwendet. Auch mit diesem Modell lässt sich ein Wert der Oberflächenrekombinationsgeschwindigkeit bestimmen, ab dem thermisches Durchgehen auftritt. Außerdem wird gezeigt, dass ein inhomogenes Stromdichteprofil einen großen Einfluss auf die Facettentemperatur hat. In [87] werden zwei gekoppelte eindimensionale Wärmeleitungsgleichungen für die aktive Zone und den umgebenden Bereich gelöst. Bei einer kritischen Stromstärke kann nach einem zunächst langsamen und näherungsweise linearen Temperaturanstieg um etwa 100 K in den ersten 80 ns eine sprunghafte Aufheizung der Facette um mehr als 400 K in den folgenden 20 ns beobachtet werden. In [88] wird die stationäre Temperaturverteilung auf einer dreidimensionalen Domäne berechnet. Dabei werden die joulesche Wärme und die Temperaturabhängigkeit der Wärmeleitfähigkeit als relevante Effekte bei der Bestimmung der Facettentemperatur identifiziert. Zudem wird gezeigt, dass insbesondere eine Reduktion der Wärmeleitungsgleichung auf ein eindimensionales Problem zu einer deutlichen Überschätzung der Facettentemperatur führt. Aufgrund der eindimensionalen Betrachtung des elektro-optischen Modells können die genannten Modelle lediglich Vorhersagen über den Einfluss der Länge der Laserdiode und der Facetten-Reflektivitäten auf die COD-Schwelle treffen. Eine Beurteilung unterschiedlicher Heterostrukturen im Hinblick auf ihr Degradationsverhalten ist nicht möglich. Weiterhin muss stets eine konstante Stromdichte-Verteilung als Eingangsparameter der Simulation vorgegeben werden.

Eine Berücksichtigung der Heterostruktur der Laserdiode wird in [61] durch die Lösung des stationären Drift-Diffusions-Modells in der vertikal-longitudinalen Ebene mit einer selbstkonsistenten Kopplung an die optische Propagationsgleichung und die stationäre zweidimensionale Wärmeleitungsgleichung erzielt. Durch die Berechnung des elektrischen Transports stellt sich die Stromdichteverteilung in Abhängigkeit der Temperatur- und Intensitätsverteilung ein und zeigt zur Frontfacette hin eine deutliche Zunahme. Die selbstkonsistente Lösung wird durch ein Iterationsschema bestimmt, wobei nach der Berechnung einer neuen Temperaturverteilung die temperaturabhängigen Materialparameter (Bandlücke, optische Verstärkung, Rekombinationskoeffizienten) aktualisiert werden. Konvergiert das Iterationsverfahren nicht, sondern führt zu immer weiter steigenden Temperaturen, wird auch hier auf einen COD geschlossen. Als Trigger des COD, bzw. um die kritische Temperatur in der ersten COD-Phase (siehe Abschnitt 2.2.3) erreichen zu können, wird eine Absorption an der Frontfacette zwischen 1 % und 7 % oder eine bestimmte Dichte an Oberflächendefekten an dieser Facette angenommen. Mithilfe des Modells wird gezeigt, dass die Temperaturabhängigkeit der Bandlücke und die Free-Carrier-Absorption den größten Beitrag zum thermischen Durchgehen liefern. Dieses setzt in den gezeigten Ergebnissen jedoch erst bei einer Stromstärke von über 70 A ein, was einen unrealistisch hohen Wert für den cw-Betrieb darstellt. Nach aktuellem Stand der Technik findet nämlich für eine Breite des Injektionsstreifens zwischen 100 µm und 150 µm bereits im Bereich von 20 A bis 25 A ein vollständiges thermisches Überrollen der Laserdioden statt. Weiterhin wird zur Leistungserhaltung eine zusätzliche Wärmequelle (Excess Power) hinzugefügt, die auf die Absorption spontaner und gestreuter stimulierter Emission zurückgehen soll. Da diese Wärmequelle jedoch etwa 50 % zur gesamten Wärmeleistung beiträgt, kann darauf geschlossen werden, dass die übrigen Wärmequellen deutlich unterschätzt werden und die künstlich eingeführte Quelle einen signifikanten Beitrag zum thermischen Durchgehen liefert.

Arbeiten zur Modellierung des thermischen Durchgehens unter dem Einfluss von externer optischer Rückkopplung mit einem selbstkonsistenten multiphysikalischen Modell einer Laserdiode liegen derzeit nicht vor.

Zur Modellierung der dritten Phase des COD, also der Ausbreitung der Defekte nach dem thermischen Durchgehen, kann ein einfaches phänomenologisches Modell verwendet werden [45], bei dem den Gitterpunkten innerhalb der Quantenfilm-Ebene ein thermisch aktiviertes Degradationsmaß zugewiesen wird. Bei hoher Degradation wird die einfallende optische Leistung dort absorbiert und an die benachbarten Gitterpunkte weitergeleitet. Zumindest qualitativ kann damit eine Übereinstimmung mit den in CL-Aufnahmen beobachteten Defektmustern erzielt werden. In [89] wird die Defektausbreitung in Richtung der Rückfacette mit einem wellenoptischen Modell auf die laterale thermische Linsenwirkung des COD-Startpunkts zurückgeführt.

2.4 Stand der Technik und Anwendungen von Hochleistungsdiodenlaser-Systemen

Die Ausgangsleistung von Einzelemittern und Laserdioden-Barren wird im cw-Betrieb im Wesentlichen durch zwei Effekte limitiert. Einerseits führt die Abnahme der optischen Verstärkung mit zunehmender Temperatur zu einem ineffizienteren Laserprozess. Dies äußert sich zunächst in einem Abflachen der Leistungskennlinie und schließlich in einem reversiblen Abfall der Ausgangsleistung (thermisches Überrollen, [35]). Andererseits sorgt der bereits in Abschnitt 2.2.3 ausführlich beschriebene COD bei hohen Leistungen für eine irreversible Beschädigung der Laserdiode. Als Ausgangspunkt hierfür wird häufig das Erreichen einer kritischen Temperatur bzw. damit einhergehend einer kritischen optischen Intensität angesehen.

Im Bereich hoher Leistungen basiert das Bauelement-Design deshalb in der Regel auf dem Konzept des Breitstreifenemitters. Um die maximale Intensität auf der Frontfacette der Laserdiode möglichst gering zu halten, wird für die Breite des p-Kontakts w_{inj} typischerweise ein Wert zwischen 90 µm und 200 µm gewählt [31]. Dies führt zu einer entsprechenden lateralen Verbreiterung des emittierten Feldes und bei gleicher Ausgangsleistung zu einer Verringerung der optischen Intensität. Allerdings resultiert daraus auch eine starke Reduktion der lateralen Strahlqualität, da höhere Moden in lateraler Richtung durch thermisch- und Ladungsträger-induzierte Änderungen des Brechungsindex angeregt werden. In vertikaler Richtung liegt mit dem Konzept der Large Optical Cavity (LOC) ein ähnlicher Ansatz vor [90]. Aufgrund der noch vergleichsweise geringen Abmessungen von weniger als 2 µm und der starken Indexführung durch das vertikale Brechungsindexprofil, bleibt der Strahl in dieser Richtung jedoch nahezu beugungsbegrenzt. Eine Vergrößerung der Länge der Laserdiode L_{D} auf Werte zwischen 4 mm und 5 mm [31] erlaubt eine einfachere Wärmeabfuhr im Vergleich zu kürzeren Bauelementen und den Betrieb bei geringerer Stromdichte, um thermisches Überrollen zu vermeiden.

Die Steigerung der elektro-optischen Effizienz durch die Verwendung stark asymmetrischer Heterostrukturen [91] führt zu einer verringerten Wärmeleistung und kann damit ebenfalls das Einsetzen des thermischen Überrollens zu höheren Strömen verschieben. Dabei wird die Größe des p-Wellenleiters gegenüber dem n-Wellenleiter deutlich verringert, um einerseits die bei Löchern stärkere Free-Carrier-Absorption in diesem Bereich zu reduzieren und andererseits auch den elektrischen Kontakt-widerstand auf der p-Seite zu verringern. Schließlich ermöglicht auch eine verbesserte Abfuhr der Wärme durch die Verwendung eines doppelseitigen Kühlers [43] bzw. eines Kühlers mit Flussrichtung des Kühlwassers senkrecht zur Chip-Ebene [92] höhere Ausgangsleistungen ohne thermisches Überrollen.

Weitere Ansätze zielen auf eine Erhöhung der angesprochenen kritischen Intensität des COD bzw. auf eine Verringerung der Facettentemperatur ab. Dies kann beispielsweise durch das Brechen und anschließende Passivieren der Facetten im Hochvakuum erfolgen [93]. Dadurch werden Defekte und nichtabgesättigte Bindungen an den Facetten vermieden. Das Entfernen des p-Kontakts in einem longitudinalen Bereich $d_{\mathrm{unp,b}}$ bzw. $d_{\mathrm{unp,f}}$ um die Facetten (Non-Injecting Mirror, NIM) führt zu einer Verringerung der Ladungsträgerdichte in Facettennähe und damit einer Erhöhung der COD-Schwelle [94]. Eine lokale Vergrößerung der Bandlücke des Quantenfilms an der Frontfacette durch Quantum-Well Intermixing [95] reduziert die Absorption dort bei hohen Temperaturen oder geringen Ladungsträgerdichten (Non-Absorbing Mirror, NAM) und kann eine weitere deutliche Vergrößerung der COD-Schwelle bewirken [96]. Durch diese Maßnahmen kann eine kritische optische Intensität bezogen auf die Breite des Injektionsstreifens von 253 mW/µm erreicht werden, die durch thermisches Überrollen und nicht mehr durch den COD limitiert wird [97]. Dennoch bleibt der COD durch die mit zunehmender Betriebsdauer abnehmende COD-Schwelle einer der limitierenden Faktoren für die Zuverlässigkeit des Systems.

Die historische Entwicklung der Ausgangsleistung von Laserbarren mit einer Breite von 1 cm ist in Bild 2.5 dargestellt. Während diese zwischen 1985 und 2010 unter anderem durch die vorgestellten Maßnahmen sowohl im kommerziellen Bereich als auch in der Forschung ein exponentielles Wachstum aufweist, liegt seit 2010 eine Stagnation in der Forschung bzw. eine deutlich geringere Zunahme bei den kommerziell erhältlichen Barren vor.

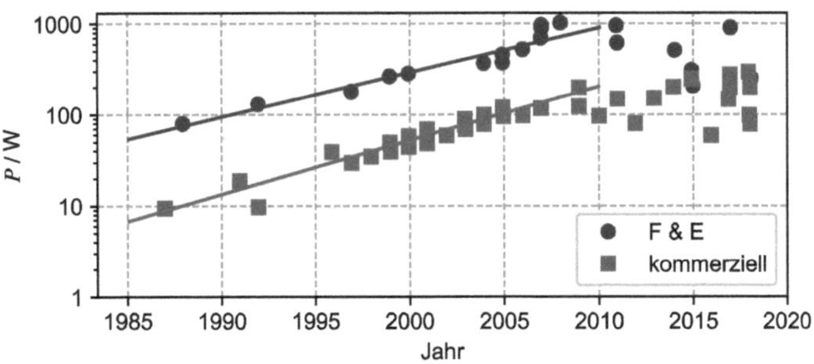

Bild 2.5: Entwicklung der Ausgangsleistung von cm-Barren zwischen 1985 und 2018 (Daten aus [98]). Die Linien deuten den linearen Verlauf in der logarithmischen Auftragung bis 2010 an.

Die verfügbare Strahldichte von Hochleistungsdiodenlaser-Systemen weist allerdings weiterhin einen exponentiellen Anstieg auf, Bild 2.6. Dieser ist einerseits auf die Verbesserung der Strahlqualität der Einzelemitter durch Optimierung der Epistruktur [99] und das Einbringen von lateralen Indexsprüngen [100] oder Phasengittern [101] zur Modenfilterung zurückzuführen. Andererseits wird zunehmend durch spektrales Multiplexing mehrerer Emitter oder Barren die Gesamtleistung bei gleichbleibender Leistung der Einzelkomponenten und gleichbleibender Strahlqualität des Gesamtsystems erhöht [27, 102, 103].

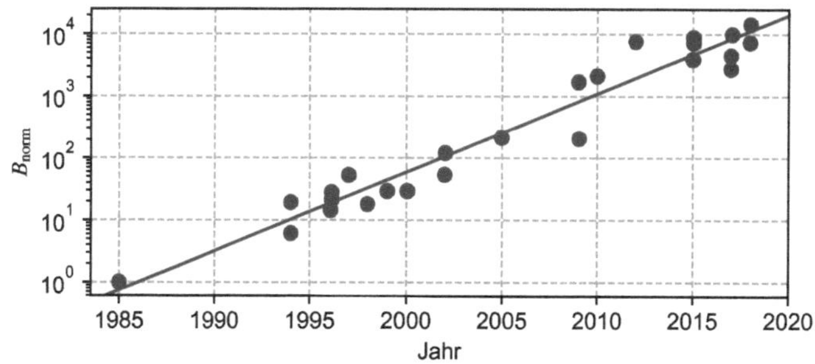

Bild 2.6: Entwicklung der auf den Wert von 1985 normierten Strahldichte von Hochleistungsdiodenlaser-Systemen zwischen 1985 und 2018 (Daten aus [5]). Die Linie deutet den linearen Verlauf in der logarithmischen Auftragung an.

Bei den Anwendungen in der Lasermaterialbearbeitung sind durch die genannten Fortschritte inzwischen neben Prozessen wie dem Härten und Hartlöten, die eine hohe Leistung bei geringer Strahlqualität erfordern, auch Prozesse mit hohen Anforderungen an die Strahlqualität, wie das Tiefschweißen und das Schneiden von Metallen, mit direkten Diodenlaser-Systemen möglich [27], Bild 2.7. Eine weitere Steigerung der Strahlqualität hin zu einem beugungsbegrenzten System durch die Verwendung von breiten Ridge-Wellenleitern [104] könnte in Zukunft auch die Verwendung beim Metall-3D-Druck (Laser Powder Bed Fusion, LPBF) erlauben. Schließlich sind auch zukünftige Anwendungen im Bereich LiDAR (Light Detection and Ranging) für autonome Fahrzeuge [105], bei der drahtlosen Energieversorgung von Satelliten oder Drohnen [106] sowie in der Verteidigung [107] denkbar.

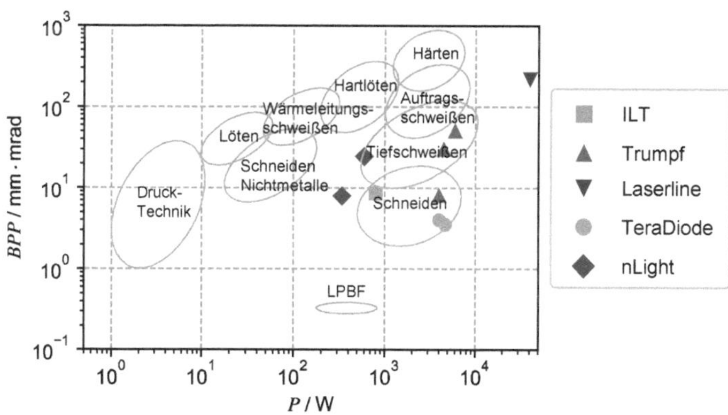

Bild 2.7: Erforderliche Leistung und Strahlparameterprodukt für Prozesse in der Laser-materialbearbeitung [27, 108] sowie erzielte Parameter von Hochleistungsdiodenlaser-Systemen [27, 102, 103, 109-111].

2.5 Fazit

Durch experimentelle Untersuchungen konnte das Verständnis des COD-Prozesses innerhalb des letzten Jahrzehnts erheblich erweitert werden. Die Einteilung in drei Phasen, die zugehörige zeitliche Entwicklung der Maximaltemperatur sowie die Dynamik der Nahfeldverteilung wurden ausführlich analysiert. Eine erhebliche Reduktion der COD-Schwelle durch eine Verschiebung der zurückgekoppelten optischen Feldverteilung zur p-Seite des Halbleiters konnte ebenfalls experimentell beobachtet werden.

Eine detaillierte Analyse der während des thermischen Durchgehens ablaufenden physikalischen Prozesse wurde aufgrund der schlechten experimentellen Zugänglichkeit und der erforderlichen Auflösungen im Bereich von Nanosekunden bisher ausschließlich mithilfe von Simulationsrechnungen durchgeführt. Der überwiegende Teil der Modelle vernachlässigt dabei die elektrischen Transporteigenschaften der Halbleiterheterostruktur und eignet sich damit nicht zum Design verbesserter Laserdioden. Die einzige Arbeit hingegen, in der der vertikale elektrische Transport berücksichtigt wird, sagt unrealistisch hohe COD-Schwellen ohne thermisches Überrollen voraus [61]. Die Auswirkungen von externer optischer Rückkopplung wurden dabei bisher noch nicht betrachtet.

Die Sättigung beim Wachstum der verfügbaren Ausgangsleistung von Laserdioden-Barren zeigt den Bedarf an neuen Ansätzen zur weiteren Erhöhung der COD-Schwelle. Auch der parallel eingeschlagene Weg zur Steigerung der Strahldichte durch dichtes Wellenlängenmultiplexing erfordert ein besseres Verständnis der reduzierten COD-Schwelle unter externer optischer Rückkopplung.

3 Definition der Forschungsfragen

Wie zuvor bereits in Kapitel 1 und 2 beschrieben, stellt die durch externe optische Rückkopplung verringerte COD-Schwelle eine starke Limitierung spektral stabilisierter Diodenlaser-Systeme dar. Um ein Verständnis der zugrunde liegenden Effekte zu ermöglichen und durch Variation der Chipstruktur bzw. der externen Resonatoren entsprechende Gegenmaßnahmen treffen zu können, sollen in dieser Arbeit die folgenden Forschungsfragen beantwortet werden:

1. **Wie kann die katastrophale optische Degradation von Hochleistungslaserdioden in einem selbstkonsistenten multiphysikalischen Modell abgebildet werden?**
2. **Welche physikalischen Effekte verursachen eine Reduktion der COD-Schwelle durch externe optische Rückkopplung?**
3. **Wie kann das Verständnis dieser Effekte genutzt werden, um Laserdioden mit einer geringeren Rückreflex-Empfindlichkeit zu entwickeln?**

Zur Beantwortung der Forschungsfragen wird zunächst in Kapitel 4 ein geeignetes multiphysikalisches Modell einer Laserdiode entwickelt. Dabei werden insbesondere das wellenoptische Modell zur Berücksichtigung des externen Resonators, das verwendete elektrische Transportmodell und die Kopplung der einzelnen Modelle erläutert. Die Beantwortung der ersten Forschungsfrage erfolgt dann unter Verwendung dieses Modells in Abschnitt 5.2. Hier wird auch der Vergleich zu einem weiteren Modell-Ansatz gezogen, der nicht in der Lage ist, den COD abzubilden. Die zweite Forschungsfrage wird in Abschnitt 5.4 beantwortet. Abschließend werden in Kapitel 6 Lösungsansätze für die dritte Forschungsfrage analysiert und bewertet.

Der wissenschaftliche Neuwert dieser Arbeit liegt dabei unter anderem im Aufbau eines selbstkonsistenten multiphysikalischen Modells für das thermische Durchgehen einer Laserdiode, das realistische Werte für die COD-Schwelle liefert. Weiterhin kann dieses Modell durch die Berücksichtigung der Auswirkungen vertikaler Transporteffekte als ein Werkzeug für die Entwicklung verbesserter Heterostrukturen dienen, siehe Abschnitt 2.3. Darüber hinaus hebt sich die Untersuchung der Auswirkungen von dejustierter optischer Rückkopplung auf das Degradationsverhalten mit einem modelltheoretischen Ansatz von bisherigen Arbeiten deutlich ab. Schließlich stellt auch die Verwendung dieses Modells zur Reduktion der Rückreflex-Empfindlichkeit einer kommerziellen Laserdiodenstruktur eine Neuheit gegenüber dem Stand der Technik dar.

4 Multiphysikalisches Modell einer Hochleistungslaserdiode

Im folgenden Kapitel werden die multiphysikalischen Simulationsalgorithmen vorgestellt, die in den Kapiteln 5 und 6 zur Analyse der katastrophalen optischen Degradation von Hochleistungslaserdioden genutzt werden. Diese werden im Rahmen der am Fraunhofer ILT entwickelten Diodenlaser-Simulationssoftware SEMSIS implementiert. In Abschnitt 4.1 wird ein wellenoptisches Modell des externen Resonators vorgestellt und mithilfe experimenteller Daten validiert, das bei gegebener Feldverteilung an der Austrittsfacette der Laserdiode die Propagation des optischen Feldes im externen Resonator und die entsprechende Rückkopplung in die Laserdiode beschreibt. Das elektrische Transportmodell für die Halbleiterheterostruktur wird in Abschnitt 4.2 dargestellt. Diese beiden Modelle werden in Abschnitt 4.3 mit einem internen optischen Modell zur Berechnung der Propagation des optischen Feldes innerhalb des Wellenleiters der Laserdiode und einem thermischen Modell gekoppelt. Sie bilden damit ein selbstkonsistentes elektro-opto-thermisches Modell einer External-Cavity Laserdiode in der vertikal-longitudinalen Ebene, Bild 4.1. Die laterale Dimension der Laserdiode und die dort auftretende Filamentierung werden bei diesem Ansatz nicht berücksichtigt. Das gekoppelte Modell wird anhand einer Beispielstruktur aus der Literatur validiert. Abschließend werden die Ergebnisse dieses Kapitels in Abschnitt 4.4 zusammengefasst.

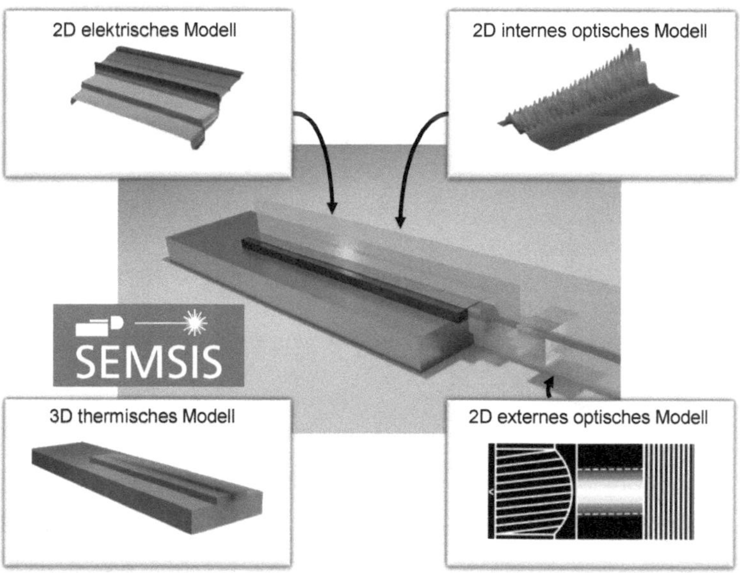

Bild 4.1: Kopplung der einzelnen physikalischen Modelle zu einem multiphysikalischen Modell einer Hochleistungslaserdiode mit externem Resonator. Die eingezeichnete, transparente Fläche kennzeichnet die Ebene, in der das elektrische und die optischen Modelle berechnet werden.

4.1 Modellierung der optischen Rückkopplung

Die Ergebnisse dieses Abschnitts wurden in Teilen bereits in [112] und [113] veröffentlicht.

Zur Modellierung von Laserdioden mit externer Kavität wird ein Modell benötigt, das die räumliche Verteilung des optischen Feldes bestimmt, das nach Propagation durch den externen Resonator wieder in die Laserdiode eintritt. Dabei existieren verschiedene Ansätze wie z. B. kohärentes Raytracing [114] oder wellenoptische Verfahren basierend auf der Fourier-Optik und der skalaren Beugungstheorie [115, 116]. Die wellenoptischen Verfahren bieten dabei im Gegensatz zum strahlenoptischen Ansatz den Vorteil einer im Rahmen der skalaren Näherung korrekten Beschreibung der Feldverteilung an der Frontfacette der Laserdiode, die deren Degradationsverhalten entscheidend beeinflusst. Im Folgenden wird zunächst in Abschnitt 4.1.1 das aus [31, 79, 117] übernommene wellenoptische Modell erläutert. In Abschnitt 4.1.2 wird dargestellt, wie die Lösung der auftretenden Gleichungen auf einem Grafikprozessor (Graphics Processing Unit, GPU) beschleunigt werden kann. Eine Validierung des Modells anhand von Messdaten erfolgt in Abschnitt 4.1.3. Abschließend wird in Abschnitt 4.1.4 beispielhaft die Simulation eines dreidimensionalen optischen Resonators diskutiert, die erst durch die Möglichkeit der GPU-Beschleunigung mit akzeptabler Rechendauer durchgeführt werden kann.

4.1.1 Modellgleichungen

Für die verwendeten, stationären Modelle auf Basis der skalaren Beugungstheorie wird der externe Resonator in eine Reihe von Domänen zerlegt, denen verschiedene Modellgleichungen zugrunde liegen, Bild 4.2, die im Folgenden beschrieben werden.

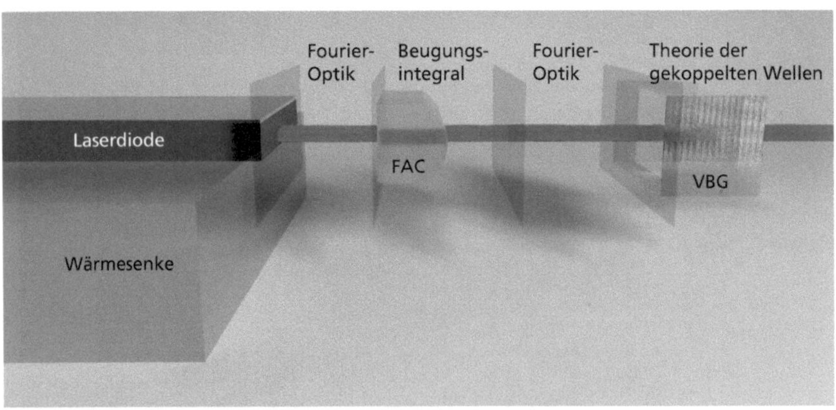

Bild 4.2: Zerlegung des externen Resonators in einzelne Domänen und die zugehörigen Modelle.

Voraussetzung für diese Zerlegung ist eine gerichtete Ausbreitung der optischen Felder zwischen der Eintritts- bzw. Austrittsfläche der entsprechenden Domäne. Die Verknüpfung der einzelnen Domänen erfolgt durch Randbedingungen, die sich durch die aus benachbarten Domänen eintretenden Felder ergeben. Dabei wird in dieser

Arbeit stets von verlustfreien Medien ausgegangen, in denen keine Absorption auftritt. Weiterhin wird eine ideale Antireflexbeschichtung an allen optischen Flächen angenommen, sodass keine Teilreflexe innerhalb des Resonators auftreten.

Beugungsintegral (dicke Linsen)

Für die Propagation zwischen zwei schwach gekrümmten Flächen, wie z. B. den beiden Oberflächen einer Linse, in deren Zwischenraum sich ein homogenes Medium befindet, kann das Feld auf der Austrittsfläche ψ aus dem Feld an der Eintrittsfläche ψ' mithilfe des Rayleigh-Sommerfeld-Beugungsintegrals berechnet werden [115], siehe Bild 4.3 (a):

$$\psi\big(x,y,s(x,y)\big) = \int_{A'} \psi'\big(x',y',s'(x',y')\big) h_{\mathrm{K}}(x,y,x',y') dx'dy' \,, \tag{4.1}$$

mit dem Integralkern

$$h_{\mathrm{K}}(x,y,x',y') = -\frac{ik \cdot e^{ik\xi}}{2\pi\xi} \cdot \frac{\vec{n}'(x',y') \cdot \vec{\xi}}{\xi} \tag{4.2}$$

und dem Abstandsvektor

$$\vec{\xi} = \vec{r} - \vec{r}' = \begin{pmatrix} x - x' \\ y - y' \\ s(x,y) - s'(x',y') \end{pmatrix}. \tag{4.3}$$

Dabei entsprechen gestrichene Größen der Eintritts- und ungestrichene Größen der Austrittsfläche. Variablen ohne Vektorpfeil kennzeichnen den Betrag der jeweiligen Vektoren. Die beiden Oberflächen werden mithilfe der Parametrisierungen $s'(x',y')$ sowie $s(x,y)$ dargestellt und die Auswertung der Felder erfolgt auf den im Allgemeinen gekrümmten Oberflächen. $\vec{n}'$ bezeichnet die Normale auf der Eintrittsfläche und k die Wellenzahl im Medium. Die Integration in Gleichung (4.1) erstreckt sich dabei über die gesamte Eintrittsfläche A'.

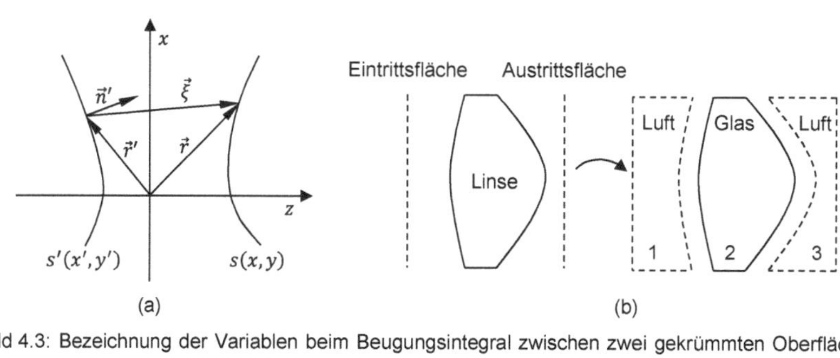

Bild 4.3: Bezeichnung der Variablen beim Beugungsintegral zwischen zwei gekrümmten Oberflächen (a), Unterteilung der Simulationsdomäne in drei Bereiche mit homogenem Medium zur Berechnung der Propagation durch eine dicke Linse (b).

Sind die auftretenden Felder und vorliegenden optischen Elemente invariant in y-Richtung, kann die Integration entlang dieser Richtung ausgeführt werden und es ergibt sich der vereinfachte Ausdruck für eine zweidimensionale Propagation:

$$\psi(x, s(x)) = \int_{A'_x} \psi'(x', s'(x'))\, h_{\mathrm{K,2D}}(x, x') dx' , \tag{4.4}$$

mit dem Integralkern für den zweidimensionalen Fall

$$h_{\mathrm{K,2D}}(x, x') = \sqrt{\frac{k}{2\pi}} \cdot e^{-\frac{i\pi}{4}} \frac{e^{ik\xi_{\mathrm{2D}}}}{\xi_{\mathrm{2D}}^{\frac{3}{2}}} \vec{n}'(x') \cdot \vec{\xi}_{\mathrm{2D}} \tag{4.5}$$

und dem entsprechenden Abstandsvektor

$$\vec{\xi}_{\mathrm{2D}} = \begin{pmatrix} x - x' \\ s(x) - s'(x') \end{pmatrix}. \tag{4.6}$$

Die Integration erfolgt hier über das gesamte Intervall der Eintrittsfläche in x-Richtung A'_x. Da nur homogene Medien betrachtet werden können, muss die Simulationsdomäne zur Berücksichtigung einer Linse im Allgemeinen in drei Teildomänen zerlegt werden, Bild 4.3 (b). Dabei wird zunächst die Propagation von einer ebenen Eingangsfläche zur gekrümmten Vorderseite der Linse berechnet. Im zweiten Schritt erfolgt von dort aus die Propagation zur gekrümmten Rückseite der Linse, bevor abschließend das Ausgangsfeld an einer ebenen Austrittsfläche in Luft bestimmt wird.

Fourier-Optik (Freiraumpropagation)

Für den Fall der optischen Propagation zwischen zwei parallelen Ebenen im Abstand Δz kann das Beugungsintegral als Faltung ausgedrückt und mithilfe der Fourier-Transformation $\mathcal{F}$ effizient berechnet werden (Fourier-Optik). Dabei stehen zwei verschiedene Ansätze unter Verwendung der Transferfunktion bzw. der Impulsantwort des freien Raumes zur Verfügung. Das Feld auf der Austrittsebene lässt sich für diesen Fall aus dem Feld auf der Eintrittsebene berechnen gemäß:

$$\psi(x, y) = \mathcal{F}^{-1}\left(H_{\mathrm{T}}(k_x, k_y) \cdot \mathcal{F}(\psi'(x', y'))\right), \tag{4.7}$$

bzw.

$$\psi(x, y) = \mathcal{F}^{-1}\left(\mathcal{F}(h_{\mathrm{I}}(x, y)) \cdot \mathcal{F}(\psi'(x', y'))\right), \tag{4.8}$$

mit der Transferfunktion

$$H_{\mathrm{T}}(k_x, k_y) = \begin{cases} \exp\left(i\Delta z\sqrt{k^2 - k_x^2 - k_y^2}\right) & , k_x^2 + k_y^2 < k^2 , \\ 0 & , \text{sonst,} \end{cases} \tag{4.9}$$

und der Impulsantwort

$$h_{\mathrm{I}}(x,y) = \frac{k\Delta z}{2\pi i} \cdot \frac{\exp\left(ik\sqrt{x^2+y^2+\Delta z^2}\right)}{x^2+y^2+\Delta z^2}. \tag{4.10}$$

Letztere ergibt sich aus Gleichung (4.2) unter Berücksichtigung der in z-Richtung zeigenden Normale und mit $s(x,y) - s'(x',y') = \Delta z$. Im zweidimensionalen Fall muss entsprechend Gleichung (4.5) zur Bestimmung der Impulsantwort

$$h_{\mathrm{I,2D}}(x) = \sqrt{\frac{k}{2\pi}} \cdot e^{-\frac{i\pi}{4}} \cdot \Delta \mathrm{z} \cdot \frac{\exp\left(ik\sqrt{x^2+\Delta z^2}\right)}{(x^2+\Delta z^2)^{\frac{3}{4}}} \tag{4.11}$$

verwendet werden. Der Ausdruck für die Transferfunktion kann wie zuvor unter Vernachlässigung von k_y genutzt werden. Aus der Forderung nach einer ausreichenden Abtastung des Phasenterms der Transferfunktion im Ortsfrequenzraum zur Verhinderung von Alias-Effekten resultieren die folgenden Beschränkungen der Propagationsdistanz [116]:

$$\Delta z \leq \Delta x \cdot L_x/\lambda\,, \Delta z \leq \Delta y \cdot L_y/\lambda\,, \tag{4.12}$$

mit den transversalen Auflösungen Δx und Δy sowie den transversalen Ausdehnungen der Simulationsdomäne L_x und L_y. Analog folgt für den Fall einer ausreichenden Abtastung der Impulsantwort im Ortsraum [116]:

$$\Delta z \geq \Delta x \cdot L_x/\lambda\,, \Delta z \geq \Delta y \cdot L_y/\lambda\,. \tag{4.13}$$

Aus diesem Grund eignet sich die Formulierung mit Transfer-Funktion für eher geringe Propagationsdistanzen, während die Formulierung mit Impulsantwort häufig für große Propagationsdistanzen verwendet wird. Mit dem vorgestellten Verfahren können mehrere optische Elemente in großem Abstand verknüpft werden, indem die Propagation des optischen Feldes ausgehend von der gedachten ebenen Ausgangsfläche in Bild 4.3 (b) bis zum nächsten optischen Element mit Gleichung (4.7) bzw. (4.8) berechnet wird, siehe Bild 4.2.

Theorie der gekoppelten Wellen (VBG)

Die als wellenlängenselektives Element dienenden Volumenbeugungsgitter werden mit der in [118] entwickelten Theorie der gekoppelten Wellen (Coupled Wave Theory) beschrieben [117]. Im Rahmen dieser Theorie lässt sich die Ausbreitung von ebenen Wellen der Beugungsordnungen 0 und -1 in dicken, holographischen Gittern unter der Näherung einer langsam veränderlichen Einhüllenden (SVE-Näherung) analytisch beschreiben. Das reflektierte bzw. transmittierte Feld für ein reflektierendes Phasengitter der Dicke d_{VBG} lässt sich damit für eine beliebige einfallende Feldverteilung ψ' berechnen über:

$$\psi_{\mathrm{R}}(x,y,0) = \mathcal{F}^{-1}\left(\mathcal{F}(\psi'(x',y')) \cdot R_{\mathrm{VBG}}(k_x,k_y,z=0)\right) \cdot \exp(-i\vec{K}\cdot\vec{r})\,, \tag{4.14}$$

$$\psi_{\mathrm{T}}(x,y,d_{\mathrm{VBG}}) = \mathcal{F}^{-1}\left(\mathcal{F}(\psi'(x',y')) \cdot T_{\mathrm{VBG}}(k_x,k_y,z=d_{\mathrm{VBG}}) \cdot \exp(ik_z d_{\mathrm{VBG}})\right), \tag{4.15}$$

mit dem Gittervektor $\vec{K}$, der z-Komponente des Wellenvektors im Glas

$$k_z = \sqrt{k^2 - k_x^2 - k_y^2} \tag{4.16}$$

und dem Ortsvektor

$$\vec{r} = \begin{pmatrix} x \\ y \\ 0 \end{pmatrix}. \tag{4.17}$$

Die Ausdrücke für den Reflexionsgrad R_{VBG} und den Transmissionsgrad T_{VBG} im Ortsfrequenzraum sind in Anhang C angegeben.

4.1.2 GPU-Beschleunigung des Modells

Für die im Rahmen dieser Arbeit angestrebte multiphysikalische Betrachtung einer Laserdiode unter Berücksichtigung ihrer elektrischen, thermischen, internen sowie externen optischen Eigenschaften ist eine Reduktion der Berechnungszeiten der einzelnen Modelle essenziell, da diese im Verlauf des Kopplungsalgorithmus jeweils mehrfach gelöst werden müssen. In diesem Abschnitt wird deshalb ein Verfahren zur beschleunigten Lösung der zuvor eingeführten Gleichungen für das externe optische Modell auf Grafikprozessoren vorgestellt.

Für die Auswertung der Gleichungen der Fourier-Optik (4.7) und (4.8) werden, wie in [119] beschrieben, Algorithmen zur parallelen Berechnung der Fourier-Transformation auf der GPU verwendet [120]. Dünne Linsen können ebenfalls im Rahmen der Fourier-Optik durch einen quadratischen Phasenterm berücksichtigt werden. Bei dicken Linsen, wie einer FAC- oder SAC-Linse (Fast / Slow Axis Collimation), und einem stark divergent eintretenden optischen Feld muss zur Modellierung das Beugungsintegral (4.1) berechnet werden. Da hierbei für jeden Punkt auf der Austrittsfläche über alle Punkte auf der Eintrittsfläche integriert wird, ergibt sich im dreidimensionalen Fall bei einer räumlichen Auflösung von N_x Punkten in x-Richtung und N_y Punkten in y-Richtung eine Komplexität von $\mathcal{O}(N_x^2 \cdot N_y^2)$. Bei einer Auflösung von tausend Punkten in beiden Achsen folgen daraus etwa 10^{12} Rechenoperationen, sodass eine einfache serielle Berechnung zu inakzeptablen Rechenzeiten führen würde.

Im Weiteren wird zur Vereinfachung der Darstellung von einer zweidimensionalen Problemstellung ausgegangen und die Summenregel zur Diskretisierung des Beugungsintegrals (4.4) verwendet. Eine Erweiterung auf dreidimensionale Probleme und komplexere Quadraturformeln ist jedoch analog möglich. Das Eingangsfeld ψ' ist auf einem äquidistanten Gitter mit M Punkten und einem Abstand $\Delta x'$ gegeben, während das Ausgangsfeld ψ auf einem äquidistanten Gitter mit N Punkten bestimmt werden soll. Zur Lösung des Beugungsintegrals ist dann die Berechnung der folgenden N Summen erforderlich:

$$\psi(x_n) = \sum_{m=1}^{M} \psi'(x'_m)\, h_{2D}(x_n, x'_m) \Delta x' \tag{4.18}$$

$$= \Delta x' \sqrt{\frac{k}{2\pi}} e^{-\frac{i\pi}{4}} \sum_{m=1}^{M} G_{mn} ,$$

für $n = 1$ bis N und mit

$$G_{mn} = \psi(x'_m) \frac{e^{ik\xi_{2D}(x_n, x'_m)}}{\xi_{2D}(x_n, x'_m)^{\frac{3}{2}}} \vec{n}'(x'_m) \cdot \vec{\xi}_{2D}(x_n, x'_m) . \tag{4.19}$$

Da die einzelnen Beiträge zur Summe sowie auch die Summen für jeden Punkt auf der Austrittsfläche unabhängig voneinander sind, kann eine parallele Berechnung auf den Rechenkernen einer GPU durchgeführt werden. Die Implementierung im Rahmen dieser Arbeit erfolgt mit NVIDIAs Programmiersprache CUDA [119]. Diese stellt dem Programmierer ein sogenanntes Computational Grid zur Verfügung, das in eine variable Anzahl Blöcke untergliedert ist, denen wiederum eine variable Anzahl an Berechnungssträngen (Threads) zugewiesen wird, Bild 4.4 (a).

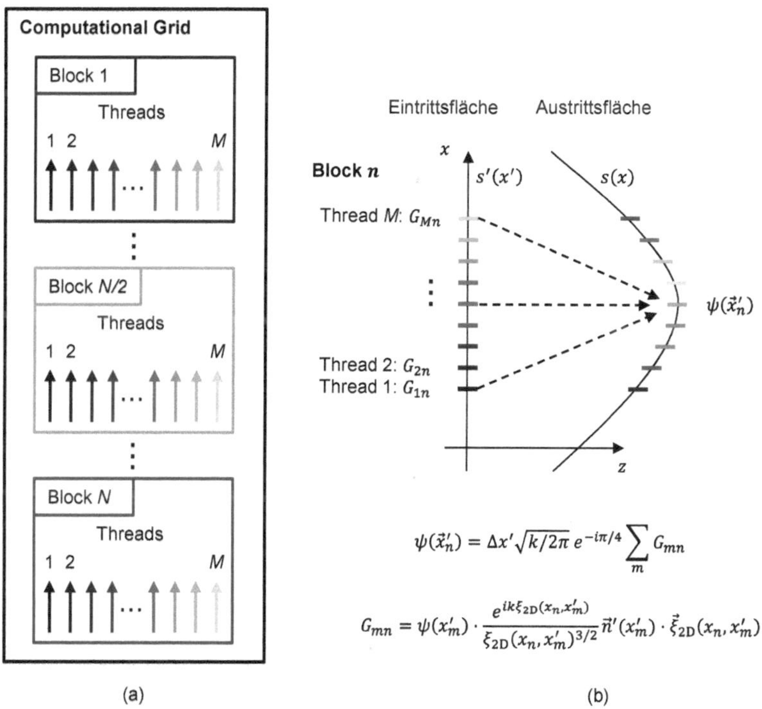

Bild 4.4: (a) Aufteilung des Computational Grids in N Blöcke mit jeweils M Threads, (b) Parallelisierung der Berechnung des Beugungsintegrals durch Zuweisung jedes Punkts auf der Austrittsfläche zu einem bestimmten Block (veranschaulicht durch die entsprechende Farbgebung) und durch die Berechnung der einzelnen Summanden in den zugehörigen Threads (veranschaulicht durch die Graustufen).

Zur vereinfachten Darstellung wird im Folgenden davon ausgegangen, dass die Anzahl der maximal zur Verfügung stehenden Blöcke mindestens der Anzahl N der Gitterpunkte auf der Austrittsfläche entspricht und dass jeder dieser Blöcke mindestens M Threads enthalten kann. In diesem Fall kann die Berechnung des optischen Feldes an einem Gitterpunkt auf der Austrittsfläche jeweils einem Block zugewiesen werden. Die Berechnung der einzelnen Summanden (4.19) kann auf die Threads des zugehörigen Blocks verteilt werden, Bild 4.4 (b). Überschreitet die räumliche Auflösung die Anzahl der möglichen Blöcke des Rechengitters, muss entsprechend die Berechnung mehrerer Beugungsintegrale in einem Block durchgeführt werden.

In Bild 4.5 ist ein Benchmark der Rechenzeiten auf einer Workstation mit einer NVIDIA Tesla K80 Grafikkarte und einer Intel Xeon E5-2697 CPU (Central Processing Unit) gezeigt. Dabei wird das Beugungsintegral für die zweidimensionale Propagation durch eine Thorlabs A240TM-B Linse mit zwei gekrümmten Oberflächen berechnet. Dadurch ist insgesamt die Auswertung von drei Beugungsintegralen erforderlich, siehe Bild 4.3 (b). Die Anzahl der Gitterpunkte auf den Ein- und Austrittsflächen der drei Domänen wird dabei jeweils gleich gewählt. Die angegebenen GPU-Zeiten schließen den Overhead beim Kopieren der Felder in den bzw. vom GPU-Speicher mit ein. Zum Vergleich sind ebenfalls die Ergebnisse für zwei CPU-basierte Berechnungen dargestellt. Eine Variante verwendet nur einen Prozessor und stellt damit eine serielle Auswertung des Beugungsintegrals dar. Bei der zweiten Variante wird die Berechnung mit dem Message Passing Interface (MPI) auf 16 Prozessorkerne verteilt. Für die vorliegende Linse ist eine Auflösung von mindestens 2^{14} Punkten erforderlich. Bei geringeren Auflösungen wird der exponentielle Phasenterm in Gleichung (4.19) nicht mit einer ausreichenden Frequenz abgetastet und es entstehen numerische Artefakte im Ausgangsfeld. Die ebenfalls in Bild 4.5 dargestellten Fehlerbalken zeigen sehr geringe Schwankungen der Rechendauern ab einer Auflösung von etwa 2^{13} Punkten auf. Die Berechnungsdauer bei einer Auflösung von 2^{14} Punkten beträgt auf der GPU 1,3 s, während die CPU-Version auf einem Kern etwa 110 s und die CPU-Version auf 16 Kernen etwa 9,2 s benötigt. Damit ergibt sich eine Beschleunigung der Berechnung um einen Faktor 85 bzw. 7. Auch bei höheren Auflösungen bleibt der Beschleunigungsfaktor näherungsweise konstant.

Obwohl das Verfahren in diesem Abschnitt anhand einer zweidimensionalen Propagation erläutert wurde, zeigt sich dessen Vorteil vor allem bei der Betrachtung dreidimensionaler Resonatoren. Ein Anwendungsbeispiel dazu, das ohne diese Beschleunigung nicht mit akzeptabler Rechendauer möglich wäre, wird in Abschnitt 4.1.4 diskutiert.

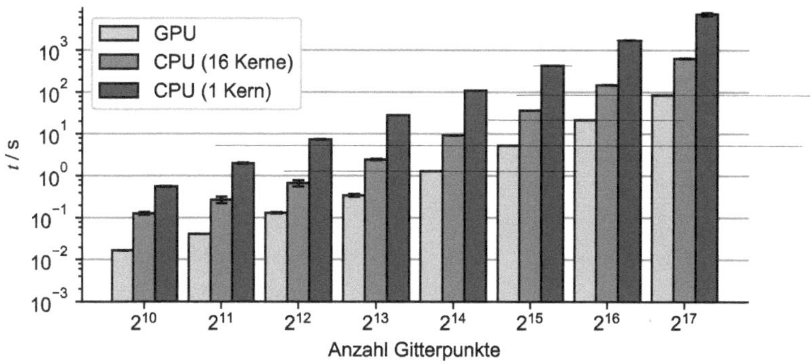

Bild 4.5: Rechendauer für die Propagation durch eine Thorlabs A240TM-B Linse für verschiedene Auflösungen der Ein- und Austrittsflächen. Verglichen werden die Zeiten für eine Berechnung auf der GPU sowie auf der CPU unter Verwendung von einem bzw. 16 Kernen.

4.1.3 Experimentelle Validierung des Modells

Zur experimentellen Validierung des Modells wird der in Bild 4.6 (a) gezeigte Aufbau verwendet[1]. Das Nahfeld der Laserdiode mit einer Wellenlänge von 976 nm wird mithilfe einer Linse auf einen CCD-Detektor mit einer Vergrößerung von etwa 94 abgebildet. Der Abschwächer verhindert dabei eine Überbelichtung des Sensor-Arrays. Zur Abbildung werden zwei verschiedene Linsen (Thorlabs A240TM-B und Thorlabs C240TME-B) mit gleicher Apertur und gleicher Brennweite von 8 mm verwendet.

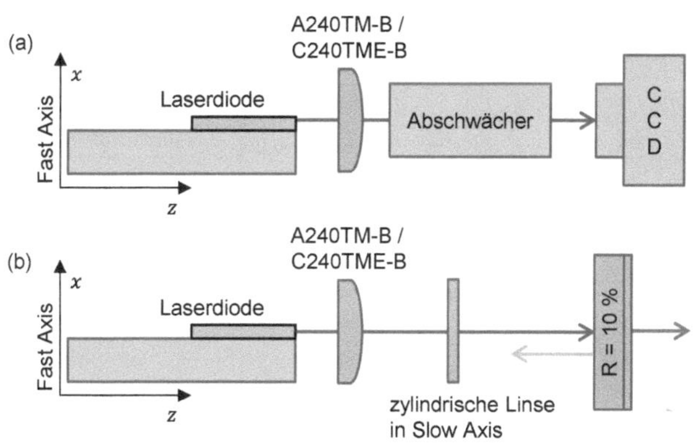

Bild 4.6: Aufbau zur experimentellen Validierung des externen optischen Modells mit Nahfeld-Abbildung (a) und externer Rückkopplung (b).

[1] Die Messungen in diesem Abschnitt wurden von Dr. Simon Rauch, TRUMPF Laser GmbH, bereitgestellt.

Als Ausgangsfeld an der Frontfacette der Laserdiode wird in Richtung der Fast Axis die aus dem Brechungsindexprofil der Heterostruktur berechnete Grundmode des Wellenleiters angesetzt, wobei der Nullpunkt in dieser Achse auf das Zentrum des Quantenfilms der Laserdiode gelegt wird. Die Intensitätsverteilung entlang der Slow Axis wird in diesem Beispiel nicht berücksichtigt. Die longitudinale Position der Linse wird sowohl im Experiment als auch in der Simulation so gewählt, dass ein Abbild der Nahfeldverteilung auf dem fest platzierten Detektor entsteht.

In Bild 4.7 ist ein Vergleich der Mess- und Simulationsergebnisse für die beiden verwendeten Linsen dargestellt. In beiden Fällen stimmt die Breite des Hauptmaximums der berechneten Feldverteilung sehr gut mit dem der gemessenen Feldverteilung überein. Weiterhin ist erkennbar, dass für die A240-Linse, Bild 4.7 (a), die Nebenmaxima ausgeprägter sind als für die C240-Linse, Bild 4.7 (b). Dies lässt sich darauf zurückführen, dass bei letzterer zur Korrektur von Aberrationen asphärische Terme höherer Ordnung verwendet werden. Die Höhe und Lage der Nebenmaxima weist in Bild 4.7 (a) etwas größere Abweichungen auf als in Bild 4.7 (b), wo sich eine nahezu perfekte Übereinstimmung ergibt. Insbesondere die Asymmetrie in der Zahl der sichtbaren Nebenmaxima des gemessenen Nahfelds in Bild 4.7 (a) deutet auf mechanische Abweichungen von der angenommenen Soll-Form oder Justagefehler als Ursache hin.

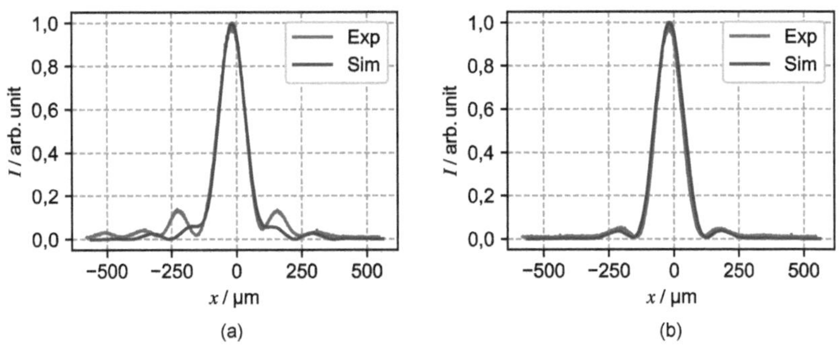

Bild 4.7: Vergleich der gemessenen und berechneten Intensitätsverteilungen für den in Bild 4.6 (a) gezeigten Messaufbau mit der Kollimationslinse A240TM-B (a) bzw. mit der Kollimationslinse C240-TME-B (b).

Zur Validierung des Modells an einer External-Cavity Laserdiode wird der Aufbau in Bild 4.6 (b) genutzt. In diesem Fall trifft das aus der Laserdiode austretende Feld nach Kollimation entlang der Fast und Slow Axis auf einen Spiegel mit einer Reflektivität von 10 %. Der Vergleich des berechneten, zurückgekoppelten Feldes für die beiden verschiedenen Linsen mit der Grundmode des Wellenleiters zeigt, dass auch hier die Nebenmaxima bei der A240-Linse deutlich ausgeprägter sind, Bild 4.8. Weiterhin fällt auf, dass die zurückgekoppelte Feldverteilung in beiden Fällen deutlich glatter ist als die Grundmode. Letztere enthält aufgrund ihrer nahezu dreieckigen Form Anteile mit hohen Raumfrequenzen, die im freien Raum nicht ausbreitungsfähig sind und aus diesem Grund im rückgekoppelten Feld nicht mehr auftreten. Außerdem lässt sich eine leichte Verschiebung des Maximums der rückgekoppelten Felder entlang der x-Achse erkennen, die durch die Asymmetrie der Grundmode verursacht wird. Die beobachteten Nebenmaxima führen in einer External-Cavity Laseriode einerseits zu einer Verringerung der Kopplungseffizienz, da diese Anteile nicht mehr in den Wellenleiter der Laserdiode eingekoppelt werden. Andererseits kann hierdurch auch eine beschleunigte Degradation der Laserdiode herbeigeführt werden, wenn die Strahlung der Nebenmaxima auf die hochdotierten p-Schichten des Halbleiters oder die Metallschichten auf der p-Seite trifft, siehe Abschnitt 2.2.4. Bei einer strahlenoptischen Betrachtung mithilfe von Raytracing können aufgrund der vernachlässigten Beugung weder die gezeigten Nebenmaxima noch die entstehende glattere Form der rückgekoppelten Feldverteilung abgebildet werden.

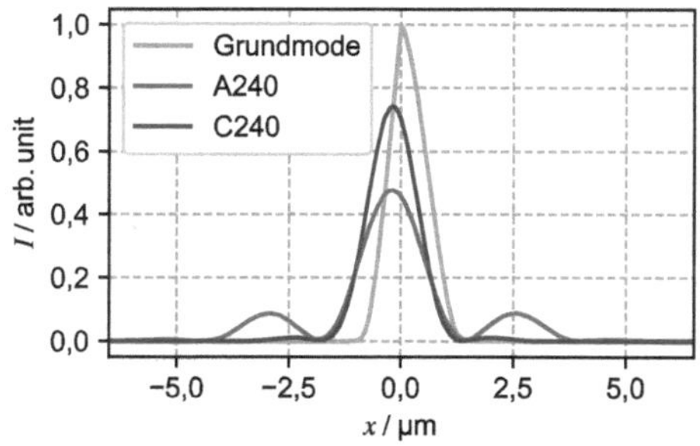

Bild 4.8: Grundmode des Wellenleiters und berechnete, zurückgekoppelte Intensitätsverteilungen für die beiden untersuchten Kollimationslinsen mit dem Aufbau aus Bild 4.6 (b).

Durch den Betrieb mit zusätzlicher externer optischer Rückkopplung werden die Spiegelverluste des gesamten Resonators und damit die Schwell-Ladungsträgerdichte des Lasers abgesenkt. Dies führt zu einer Reduktion des Abstands der Quasi-Fermi-Potentiale in der aktiven Zone, was einer Reduktion der dort abfallenden Spannung entspricht. Wird die Laserdiode bei konstantem Strom betrieben, kann dieser Effekt über einen Abfall der Betriebsspannung gemessen werden, dessen Betrag mit zunehmender Kopplungseffizienz nahezu linear ansteigt [65]. In Tabelle 4.1 sind der gemessene Spannungsabfall und das berechnete Überlapp-Integral Γ von Grundmode ψ_{Grund} und dem berechneten rückgekoppelten Feld ψ_{FB} für beide Linsen gegenübergestellt. Die Berechnung des Überlapp-Integrals erfolgt gemäß:

$$\Gamma = \frac{|\int \psi_{\mathrm{Grund}}(x) \cdot \psi_{\mathrm{FB}}^{*}(x) dx|^2}{\int |\psi_{\mathrm{Grund}}(x)|^2 dx \cdot \int |\psi_{\mathrm{FB}}(x)|^2 dx}, \tag{4.20}$$

mit dem komplex konjugierten der rückgekoppelten Feldverteilung ψ_{FB}^{*}. Das Überlapp-Integral stellt ein Maß für den Anteil der zurückreflektierten Leistung dar, die wieder in den Wellenleiter eingekoppelt wird. Wie erwartet, ergibt sich für die besser korrigierte C240-Linse ein höherer Überlapp und damit einhergehend ein größerer Spannungsabfall, was eine qualitative Validierung des Modells auch für die

Rückpropagation darstellt. Außerdem entspricht das Verhältnis der Spannungen etwa dem Verhältnis der Überlapp-Integrale, was den zuvor angesprochenen linearen Zusammenhang bestätigt.

Tabelle 4.1: Vergleich des gemessenen Spannungsabfalls und des berechneten Überlapp-Integrals für den Rückkopplungsaufbau aus Bild 4.6 (b).

	A240	C240
Spannungsabfall	-4,74 mV	-6,37 mV
Überlapp-Integral	58,7 %	78,6 %

4.1.4 Sensitivitätsanalyse eines komplexen 3D-Resonators

Als Anwendungsfall des zuvor beschriebenen GPU-beschleunigten wellenoptischen Modells wird in diesem Abschnitt die Propagation durch einen externen Resonator untersucht, der die Beschreibung mit einem dreidimensionalen Modell erfordert. Ein Beispiel für einen solchen Resonator stellen Strahltransformationssysteme (Beam Transformation System, BTS) für Laserdioden-Barren dar. Diese gleichen die stark unterschiedliche Strahlqualität der Barren entlang der Fast und Slow Axis an, um beispielsweise eine Faserkopplung zu erleichtern. Die Angleichung erfolgt, indem die Strahlprofile der einzelnen Emitter jeweils um 90° gedreht und damit Fast und Slow Axis vertauscht werden. Im Ausgangsfeld werden dadurch die Strahlprofile entlang der Fast Axis, also der Achse mit nahezu beugungsbegrenzter Strahlqualität, gestapelt. Durch diese Stapelung in Richtung der Fast Axis lässt sich z.B. auch die Strahlqualität verbessern, die beim dichten Wellenlängenmultiplexing der Emitter eines einzelnen Barrens mit einem Oberflächengitter erzielt werden kann [19]. Die Rotation kann z. B. durch ein symmetrisches bikonvexes Linsenarray [121] realisiert werden, bei dem jedes Segment afokal und um 45° zur Slow Axis gedreht ist. Das für das DWDM erforderliche wellenlängenselektive Element zur Rückkopplung wird häufig hinter dem BTS platziert, sodass ein Einfluss des BTS auf das zurückgekoppelte Feld vorliegt und das BTS im Modell einer External-Cavity Laserdiode berücksichtigt werden muss.

Im Folgenden wird der in Bild 4.9 gezeigte Aufbau betrachtet. Nach Kollimation der Laserstrahlung in Fast Axis erfolgt die Rotation durch das BTS und eine Abbildung (in Fast und Slow Axis) auf das Rückkopplungselement, das hier als Spiegel behandelt wird. Aufgrund der Kopplung von Fast und Slow Axis durch das BTS kann keine getrennte Betrachtung der beiden Achsen erfolgen und es muss ein dreidimensionales Modell verwendet werden. Weiterhin müssen sowohl die FAC als auch das BTS als dicke Linsen behandelt werden, d. h. es muss das vollständige Beugungsintegral (4.1) berechnet werden. Die abbildende Linse mit einer Brennweite von 50 mm wird als dünne Linse mit einem quadratischen Phasenterm beschrieben. In diesem Beispiel wird nur die Strahlung eines einzelnen Emitters betrachtet. Für die Feldverteilung ψ_0, die von der Laserdiode ausgeht, wird entlang der Fast Axis die Grundmode der Heterostruktur $\psi_{\mathrm{Grund}}(x)$ und in Richtung der Slow Axis ein Supergauß-Profil mit quadratischem Phasenterm angenommen:

$$\psi_0(x,y) = \psi_{\text{Grund}}(x) \cdot \exp\left(-\left(\frac{y}{w_y}\right)^{2n_y} - \frac{i\pi y^2}{\lambda d_0}\right), \tag{4.21}$$

mit $\lambda = 976$ nm, $w_y = 55$ µm, $n_y = 10$ und $d_0 = 2{,}4$ mm. Der an dieser Stelle gewählte Wert von d_0 erzeugt einen Divergenzwinkel von 5° (95 % Leistungseinschluss) in lateraler Richtung. Auch hier befindet sich der Nullpunkt der x-Achse im Zentrum des Quantenfilms der Struktur und der Nullpunkt der y-Achse im Zentrum des Injektionsstreifens. Durch die Verwendung des zuvor beschriebenen GPU-beschleunigten Modells kann die Berechnungsdauer für einen Resonator-Umlauf von etwa 100 Stunden auf weniger als eine Stunde reduziert werden.

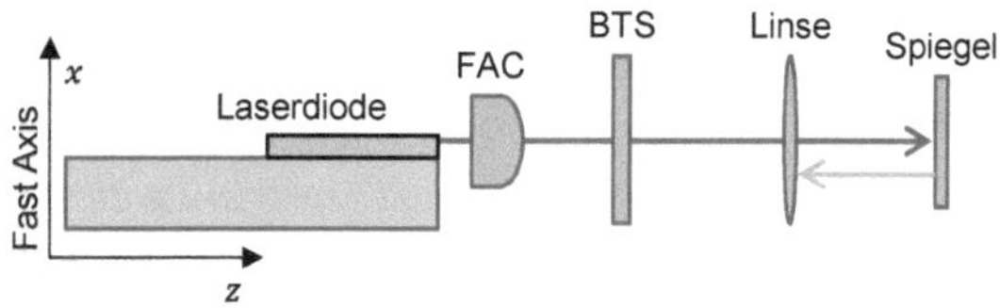

Bild 4.9: Laserdiode mit externem Resonator und Symmetrisierung der Strahlqualität in beiden Achsen durch das Strahltransformationssystem (BTS).

Der durch das BTS erzeugte Rotationswinkel des Strahlprofils ist geringer als der erwartete Wert von 90°, wie in Bild 4.10 anhand der berechneten Feldverteilung vor und hinter dem BTS erkennbar ist. Die vollständige Rotation um 90° wird im betrachteten Fall erst im Fernfeld erreicht. Weiterhin kann eine Verzerrung der Feldverteilung beobachtet werden.

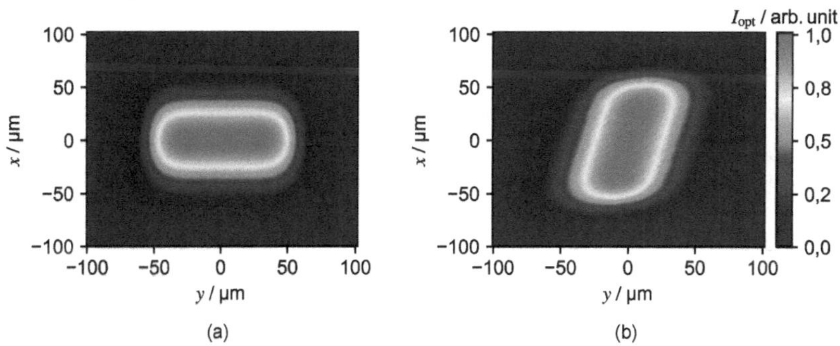

Bild 4.10: Rotation des Strahlprofils durch das BTS im Aufbau von Bild 4.9: Intensitätsverteilung vor (a) bzw. direkt hinter dem BTS (b).

Im Grenzfall kleiner lateraler Divergenzwinkel θ_y, die mithilfe des Parameters d_0 eingestellt werden können, ergibt sich für den Rotationswinkel ϕ_{Rot} der erwartete Wert von 90°, Bild 4.11. Mit zunehmender Divergenz nimmt der Rotationswinkel jedoch ab. Dies kann dadurch erklärt werden, dass bei zunehmender Ausleuchtung der zylindrischen Linsensegmente im BTS stärkere Aberrationen auftreten. In [122] werden vergleichbare Ergebnisse mithilfe von Raytracing erzielt und experimentell validiert.

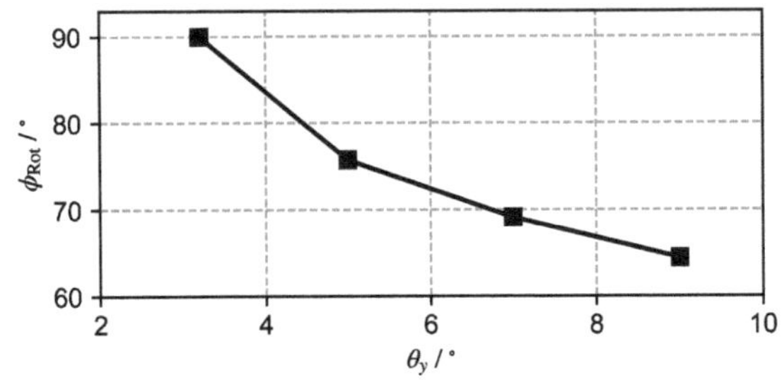

Bild 4.11: Durch das BTS erzeugter Rotationswinkel ϕ_{Rot} im Aufbau von Bild 4.9 in Abhängigkeit des lateralen Divergenzwinkels θ_y.

In Bild 4.12 ist das zurückgekoppelte Feld auf der Frontfacette der Laserdiode für drei verschiedene Werte einer Dejustage der FAC-Linse in longitudinaler Richtung dargestellt. Im Vergleich zur emittierten Feldverteilung können für den Fall ohne Dejustage, Bild 4.12 (a), eine Rotation um etwa 0,05° und eine Verschiebung entlang der y-Achse um weniger als 2 µm beobachtet werden. Für eine Dejustage von $\Delta z_{\mathrm{FAC}} =$ -2 µm, Bild 4.12 (b), ergibt sich eine verbleibende Rotation des Feldes, während bei einer Dejustage von $\Delta z_{\mathrm{FAC}} = 2$ µm die Feldverteilung stärkere Beugungsmaxima aufweist, Bild 4.12 (c). Ersteres lässt sich dadurch erklären, dass bei $\Delta z_{\mathrm{FAC}} =$ -2 µm das Linsensegment des BTS durch die Restdivergenz hinter der FAC-Linse weiter ausgeleuchtet wird und damit, wie zuvor bereits diskutiert, stärkere Aberrationen auftreten. Diese verringern den erreichten Rotationswinkel und verhindern eine vollständige Rückrotation der zurückgekoppelten Feldverteilung.

Abschließend wird das Ergebnis einer Sensitivitätsanalyse bzgl. der longitudinalen Dejustage der FAC für einen Resonator mit und ohne BTS verglichen, Bild 4.13. Aufgrund des hochgradig multimodalen Wellenleiters in lateraler Richtung stellt die Berechnung des Überlapp-Integrals zwischen rückgekoppeltem Feld ψ_{FB} und der Ausgangsverteilung ψ_0 hier kein sinnvolles Bewertungskriterium der Rückkopplungseffizienz dar. Bei Vernachlässigung der Phase kann das zweidimensionale Überlapp-Integral Γ mit dem nahezu rechteckförmigen Supergauß-Profil allerdings als ein Maß für den in den Wellenleiter eingekoppelten Leistungsanteil dienen:

$$\Gamma = \frac{\left| \iint |\psi_0(x,y)| \cdot |\psi_{FB}(x,y)| dxdy \right|^2}{\int |\psi_0(x,y)|^2 dxdy \cdot \int |\psi_{\mathrm{FB}}(x,y)|^2 dxdy} . \tag{4.22}$$

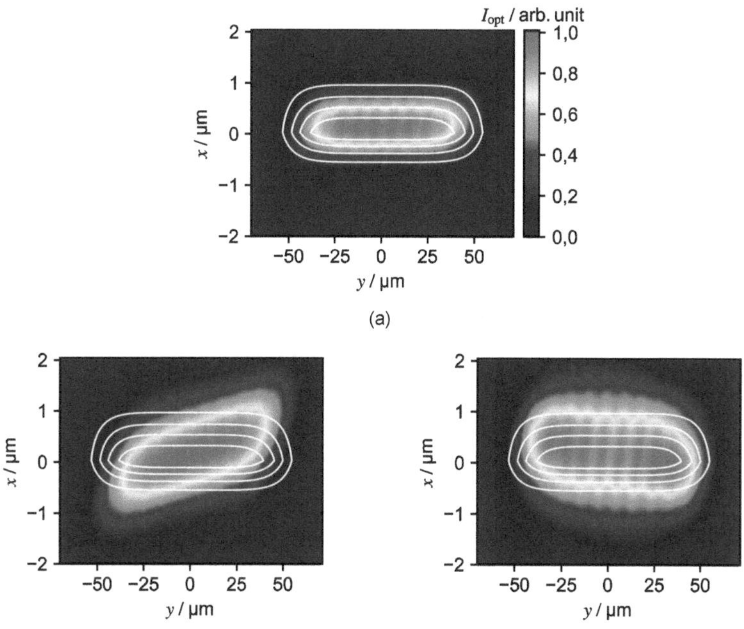

Bild 4.12: Rückgekoppelte Feldverteilung an der Frontfacette der Laserdiode für einen Defokus von $\Delta z_{\mathrm{FAC}} = 0$ µm (a), $\Delta z_{\mathrm{FAC}} = -2$ µm (b) und $\Delta z_{\mathrm{FAC}} = 2$ µm (c). Das an der Frontfacette austretende Feld ist durch Konturlinien überlagert.

Es zeigt sich, dass im Falle positiver Werte von Δz_{FAC} das BTS die Sensitivität des Systems nicht nachteilig beeinflusst. Für negative Werte hingegen bewirkt die oben dargestellte verbleibende Rotation einen deutlichen Abfall der Kopplungseffizienz. Weiterhin kann diese Rotation zur Folge haben, dass ein Teil der rückgekoppelten Strahlung auf das Lot- oder Kontaktmetall der Laserdiode trifft und dort zu beschleunigter Degradation führt [33].

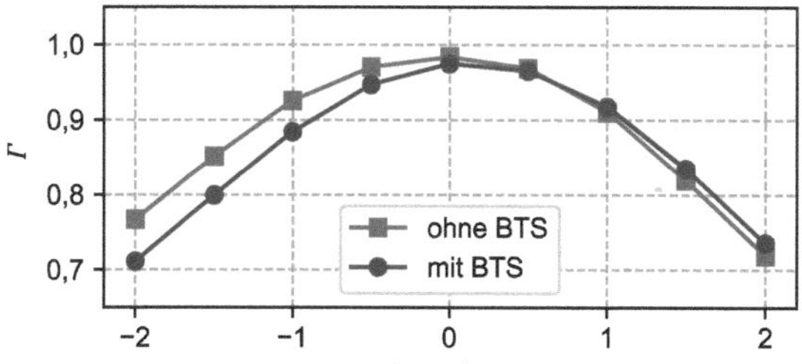

Bild 4.13: Überlapp-Integral Γ zwischen ausgehender und rückgekoppelter Feldverteilung für einen Resonator mit und ohne BTS in Abhängigkeit der Dejustage der FAC-Linse entlang der z-Achse.

Eine selbstkonsistente Kopplung der gezeigten dreidimensionalen Propagation durch einen externen Resonator ist aufgrund der benötigten Rechenzeiten derzeit noch nicht möglich. Allerdings können die mit den oben gezeigten Simulationen unter Berücksichtigung dejustierter Optiken berechneten, rückgekoppelten Felder als separat berechnete Eingangsgröße für eine gekoppelte Simulation verwendet werden, um so auch dreidimensionale Effekte abbilden zu können. Weiterhin ermöglicht die gezeigte entkoppelte Betrachtung bereits eine Bewertung der Sensitivität verschiedener Resonator-Konzepte.

4.2 Modellierung des elektrischen Transports

Zur Beschreibung des elektrischen Transports in Halbleiterbauelementen kann auf eine Reihe von Modellen verschiedener Komplexität zurückgegriffen werden [123], die von der semiklassischen Boltzmann-Transportgleichung und deren quantenmechanischer Erweiterung über hydrodynamische und Energietransport-Modelle bis hin zum klassischen Drift-Diffusions-Modell (DDM) [124] reichen. Bei der Modellierung von Laserdioden im Hochleistungsbereich wird dabei aufgrund der vergleichsweise geringen auftretenden Feldstärken und der großen Dimensionen von etwa 100 µm x 100 µm x 5 mm nach wie vor in der Regel auf das Drift-Diffusions-Modell zurückgegriffen [125-128], wobei zahlreiche Erweiterungen zur Berücksichtigung inhomogener Temperaturverteilungen [129-132] und der Quantisierung der Ladungsträger in den Aktivschichten [133-135] vorliegen.

Da während der katastrophalen optischen Degradation innerhalb der Heterostruktur große Temperaturgradienten von einigen 100 K über weniger als 100 µm auftreten, wird in dieser Arbeit ein nichtisothermes Drift-Diffusions-Modell verwendet. Dabei wird zunächst in Abschnitt 4.2.1 auf die zugrunde liegenden Gleichungen eingegangen, bevor in Abschnitt 4.2.2 die Diskretisierung der Gleichungen mithilfe eines Finite-Volumen-Verfahrens und das Lösungsverfahren für das auftretende Gleichungssystem dargestellt werden.

4.2.1 Nichtisothermes Drift-Diffusions-Modell

Das Drift-Diffusions-Modell beschreibt die Transporteigenschaften von Halbleitern durch die Kontinuitätsgleichungen für Elektronen und Löcher sowie die Poisson-Gleichung zur Bestimmung des durch die Ladungsträger erzeugten elektrostatischen Potentials. Es handelt sich damit um ein System aus drei gekoppelten, nichtlinearen partiellen Differentialgleichungen auf der Simulationsdomäne Ω, wobei im Folgenden das elektrostatische Potential ϕ sowie die Quasi-Fermi-Potentiale der Elektronen ϕ_n und Löcher ϕ_p als unabhängige Variablen gewählt werden:

$$\vec{\nabla} \cdot \left(\varepsilon_0 \varepsilon_\mathrm{r} \vec{\nabla}\phi\right) = -q(p - n + N_D^+ - N_A^-)\,, \tag{4.23}$$

$$-q\frac{\partial n}{\partial t} + \vec{\nabla} \cdot \vec{j}_n = qR\,, \tag{4.24}$$

$$q\frac{\partial p}{\partial t}+\vec{\nabla}\cdot\vec{j}_p = -qR\,. \tag{4.25}$$

Dabei bezeichnet ε_0 die Vakuum-Permittivität, ε_r die statische, relative Permittivität, q die Elementarladung und n bzw. p die Elektronen- und Löcherdichte. Die ionisierten Donator- und Akzeptorkonzentrationen sind gegeben durch [136]:

$$N_D^+ = \frac{N_D}{1+g_\mathrm{D}\exp\big(\beta(q\phi-q\phi_n-\Delta E_\mathrm{C}-\Delta E_\mathrm{D})\big)}, \tag{4.26}$$

$$N_\mathrm{A}^- = \frac{N_\mathrm{A}}{1+g_\mathrm{A}\exp\Big(\beta\big(-q\phi+q\phi_p+\Delta E_\mathrm{V}+\Delta E_\mathrm{A}\big)\Big)}, \tag{4.27}$$

mit den nominellen Dotierungen N_D und N_A, den Entartungsfaktoren $g_\mathrm{D}=2$, $g_\mathrm{A}=4$, $\beta=(k_\mathrm{B}T)^{-1}$, der Boltzmann-Konstante k_B, der Temperatur T, der Leitungsband- bzw. Valenzband-Diskontinuität ΔE_C und ΔE_V relativ zu einer festgelegten Referenzenergie (z.B. der Leitungsbandkante von GaAs) und dem Abstand der Dotierniveaus zu den jeweiligen Bandkanten ΔE_D und ΔE_A. Die Ladungsträgerdichten können unter der Annahme parabolischer Bänder berechnet werden über [137]:

$$n = N_\mathrm{C}\,F_{1/2}\big(\beta(q\phi-q\phi_n-\Delta E_\mathrm{C})\big)\,, \tag{4.28}$$

$$p = N_\mathrm{V}\,F_{1/2}\Big(\beta\big(q\phi_p-q\phi+\Delta E_\mathrm{V}\big)\Big)\,, \tag{4.29}$$

mit den effektiven Zustandsdichten N_C bzw. N_V und dem Fermi-Dirac-Integral F der Ordnung $1/2$, siehe Anhang A.1 bzw. B.1. Die Rekombinationsrate R setzt sich aus den Beiträgen der Shockley-Read-Hall-Rekombination, der spontanen Rekombination und der Auger-Rekombination zusammen [31]:

$$R = R_\mathrm{SRH}+R_\mathrm{Sp}+R_\mathrm{A}\,, \tag{4.30}$$

$$R_\mathrm{SRH} = \frac{np-n_\mathrm{i}^2}{\tau_n(p+n_\mathrm{i})+\tau_p(n+n_\mathrm{i})}, \tag{4.31}$$

$$R_\mathrm{Sp} = C_\mathrm{Sp}(np-n_\mathrm{i}^2)\,, \tag{4.32}$$

$$R_\mathrm{A} = \big(C_n n+C_p p\big)\cdot(np-n_\mathrm{i}^2)\,. \tag{4.33}$$

Hierbei bezeichnet n_i die intrinsische Ladungsträgerdichte, siehe Anhang A.2. Die zugehörigen Rekombinationskoeffizienten sind in Anhang A.4 zu finden. Die Stromdichten können ausgedrückt werden als [130, 132]:

$$\vec{j}_n = -\sigma_n\big(\vec{\nabla}\phi_n+P_n\vec{\nabla}T\big)\,, \tag{4.34}$$

$$\vec{j}_p = -\sigma_p\big(\vec{\nabla}\phi_p+P_p\vec{\nabla}T\big)\,, \tag{4.35}$$

mit den Leitfähigkeiten

$$\sigma_n = qn\mu_n\,, \tag{4.36}$$

$$\sigma_p = qp\mu_p \,. \tag{4.37}$$

Der erste Term in den Ausdrücken für die Stromdichte in Gleichung (4.34) bzw. (4.35) enthält dabei neben den Beiträgen durch Drift und Diffusion eine weitere Komponente, die zusätzliche Transporteffekte an Grenzflächen der Heterostruktur berücksichtigt, siehe Anhang B.2. Die Modelle für die Mobilitäten der Ladungsträger μ_n und μ_p werden in Anhang A.3 aufgeführt. Die Seebeck-Koeffizienten P_n und P_p sind ebenfalls von den Ladungsträgerdichten abhängig und können mithilfe der Kelvin-Gleichung ausgedrückt werden [132]:

$$P_n = -\frac{k_\mathrm{B}}{q}\left(T\frac{N_\mathrm{C}'(T)}{N_\mathrm{C}(T)}g\left(\frac{n}{N_\mathrm{C}(T)}\right) - F_{\frac{1}{2}}^{-1}\left(\frac{n}{N_\mathrm{C}(T)}\right) - \frac{1}{k_\mathrm{B}}\Delta E_\mathrm{C}'(T)\right), \tag{4.38}$$

$$P_p = \frac{k_\mathrm{B}}{q}\left(T\frac{N_\mathrm{V}'(T)}{N_\mathrm{V}(T)}g\left(\frac{p}{N_\mathrm{V}(T)}\right) - F_{1/2}^{-1}\left(\frac{p}{N_\mathrm{V}(T)}\right) + \frac{1}{k_\mathrm{B}}\Delta E_\mathrm{V}'(T)\right). \tag{4.39}$$

Hierbei bezeichnet das Hochkomma eine Ableitung nach der Temperatur und der Diffusions-Verstärkungsfaktor g ist gegeben durch:

$$g(x) = x\frac{d}{dx}F_{1/2}^{-1}(x)\,. \tag{4.40}$$

Das Gleichungssystem (4.23) - (4.25) wird durch die entsprechenden Randbedingungen vervollständigt. An ohmschen Kontakten [137] gilt:

$$\phi(\vec{x},t) = U_i(t) + \phi_0(\vec{x})\,, \tag{4.41}$$

$$\phi_n(\vec{x},t) = U_i(t)\,, \tag{4.42}$$

$$\phi_p(\vec{x},t) = U_i(t)\,, \tag{4.43}$$

für $\vec{x} \in \partial\Omega_{\mathrm{Ohm},i}$. Dabei bezeichnet $\partial\Omega_{\mathrm{Ohm},i}$ den Rand der Domäne, der zum ohmschen Kontakt i gehört, und $U_i(t)$ stellt die dort angelegte Spannung zum Zeitpunkt t dar. Der Term ϕ_0 ergibt sich durch die Bedingung der lokalen Ladungsträgerneutralität am ohmschen Kontakt im thermischen Gleichgewicht ($\phi_n = \phi_p = 0$) und muss durch Lösung der folgenden nichtlinearen Gleichung bestimmt werden:

$$0 = p(\phi_0) - n(\phi_0) + N_\mathrm{D}^+(\phi_0) - N_\mathrm{A}^-(\phi_0) = f_\mathrm{LN}(\phi_0)\,. \tag{4.44}$$

An den übrigen Grenzflächen der Domäne $\partial\Omega_\mathrm{SR} = \partial\Omega \setminus \bigcup_i \partial\Omega_{\mathrm{Ohm},i}$ ergibt sich durch die Oberflächenrekombination eine weitere Randbedingung:

$$\vec{n}\cdot\vec{j}_n(\vec{x}) = -qR_\mathrm{SR}\,, \tag{4.45}$$

$$\vec{n}\cdot\vec{j}_p(\vec{x}) = qR_\mathrm{SR}\,, \tag{4.46}$$

für $\vec{x} \in \partial\Omega_\mathrm{SR}$ und mit der Oberflächenrekombinationsrate [138]

$$R_\mathrm{SR} = v_\mathrm{SR}\frac{np - n_\mathrm{i}^2}{(p+n_\mathrm{i}) + (n+n_\mathrm{i})}\,. \tag{4.47}$$

Dabei stellt v_{SR} die Oberflächenrekombinationsgeschwindigkeit der Ladungsträger und $\vec{n}$ die nach außen gerichtete Oberflächennormale dar. Physikalisch wird die Oberflächenrekombination bedingt durch nicht abgesättigte Bindungen und Defekte an den Facetten der Laserdiode. Diese erzeugen Zustände innerhalb der Bandlücke und wirken wie bei der Shockley-Read-Hall-Rekombination als nichtstrahlende Rekombinationszentren [46]. Im Falle einer verschwindenden Oberflächenrekombinationsgeschwindigkeit, also eines Halbleiterkristalls ohne Defekte an der Oberfläche, ergibt sich aus dieser Gleichung eine verschwindende Normalkomponente der Stromdichte.

4.2.2 Finite-Volumen-Diskretisierung

Die Diskretisierung der Gleichungen (4.23) - (4.25) erfolgt in dieser Arbeit mit einem Finite-Volumen-Ansatz [137]. Gegenüber der häufig verwendeten Diskretisierung auf Basis finiter Differenzen [139] weist dieses Verfahren den Vorteil auf, dass auch unstrukturierte Gitter zur Abbildung komplexer Geometrien verwendet werden können. Auf strukturierten Gittern ist dieser Ansatz äquivalent zu der in [31] gezeigten Implementierung mit finiten Differenzen und Box-Integration. Ausgangspunkt der Diskretisierung ist eine Zerlegung der Simulationsdomäne Ω durch ein entsprechendes Punktgitter. Jedem Gitterpunkt $\vec{x}_k$ wird dabei ein Kontrollvolumen V_k zugewiesen, das im Fall der Voronoi-Zerlegung aus der Menge der Punkte besteht, die näher an diesem Gitterpunkt als an allen übrigen Gitterpunkten liegen, Bild 4.14 (a).

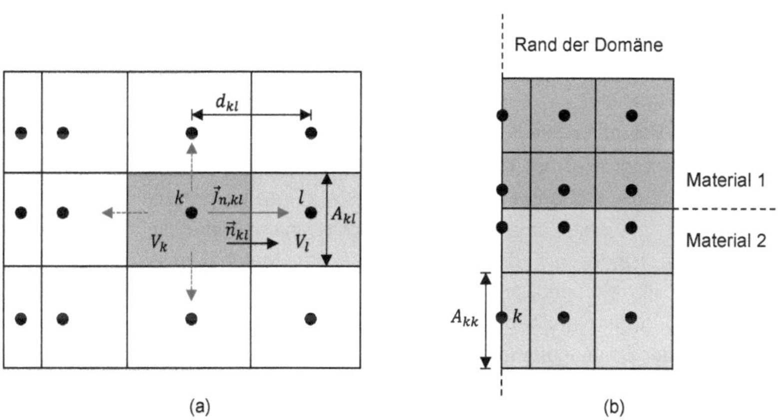

Bild 4.14: Voronoi-Zellen bei der Finite-Volumen-Methode für zwei Gitterpunkte k und l (a), Diskretisierung an Heteroübergängen und am Rand der Simulationsdomäne (b).

Unter Anwendung des Gaußschen Integralsatzes werden die Gleichungen des Drift-Diffusions-Modells über das jeweilige Kontrollvolumen integriert. Damit ergibt sich:

$$\int_{\partial V_k} \varepsilon_0 \varepsilon_r \vec{\nabla}\phi \cdot d\vec{A} = -q \int_{V_k} (p - n + N_D^+ - N_A^-)\, dV\,, \qquad (4.48)$$

$$-q\frac{\partial}{\partial t}\int\limits_{V_k} n\,dV + \int\limits_{\partial V_k} \vec{j}_n \cdot d\vec{A} = q\int\limits_{V_k} R\,dV\,, \tag{4.49}$$

$$q\frac{\partial}{\partial t}\int\limits_{V_k} p\,dV + \int\limits_{\partial V_k} \vec{j}_p \cdot d\vec{A} = -q\int\limits_{V_k} R\,dV\,. \tag{4.50}$$

In dieser Arbeit wird ausschließlich der stationäre Fall betrachtet, sodass der erste Term auf der linken Seite von Gleichung (4.49) bzw. (4.50) wegfällt. Die Oberflächenintegrale auf der linken Seite setzen sich aus den Teilintegralen über die Ränder des Kontrollvolumens mit der Fläche A_{kl} und dem Normalenvektor $\vec{n}_{kl}$ zusammen, Bild 4.14 (a). Der Fluss auf der jeweiligen Oberfläche wird als konstant angenommen. Gleiches gilt für die Größen auf der rechten Seite bei der Integration über das Kontrollvolumen. Damit lassen sich die Integrale auswerten zu:

$$\sum_{l\in N(k)} \varepsilon_0\varepsilon_{\mathrm{r},kl}\vec{\nabla}\phi_{kl}\cdot\vec{n}_{kl}A_{kl} = -q\big(p_k - n_k + N_{\mathrm{D},k}^{+} - N_{\mathrm{A},k}^{-}\big)|\mathrm{V}_k| = -\rho_k|V_k|\,, \tag{4.51}$$

$$\sum_{l\in N(k)} \vec{j}_{n,kl}\cdot\vec{n}_{kl}A_{kl} = qR_k|V_k|\,, \tag{4.52}$$

$$\sum_{l\in N(k)} \vec{j}_{p,kl}\cdot\vec{n}_{kl}A_{kl} = -qR_k|V_k|\,, \tag{4.53}$$

mit der Ladungsdichte ρ. Die Menge $N(k)$ bezeichnet hierbei die Indizes der benachbarten Volumina des Kontrollvolumens V_k und $\vec{j}_{n,kl}$ bzw. $\vec{j}_{p,kl}$ die Elektronen- bzw. Löcherstromdichte vom Kontrollvolumen k zum Kontrollvolumen l. $|V_k|$ gibt die Größe des Kontrollvolumens k an. Bei Heterostrukturen werden die Gitterpunkte der Zerlegung so gewählt, dass die Kontrollvolumina vollständig innerhalb einer Materialschicht liegen, um die Diskontinuität der Materialeigenschaften an den Grenzflächen korrekt abbilden zu können, Bild 4.14 (b). Weiterhin muss zur Berücksichtigung der Randbedingungen sichergestellt werden, dass Gitterpunkte auf den Rändern der Simulationsdomäne platziert werden.

Die Diskretisierung der elektrischen Flussdichte in Gleichung (4.51) erfolgt über einen Finite-Differenzen-Ansatz zwischen den beiden benachbarten Gitterpunkten. Die geeignete Wahl der Diskretisierung der Stromdichten bestimmt entscheidend die numerische Stabilität bei der Lösung des resultierenden Gleichungssystems [137]. Im Folgenden wird zur Diskretisierung der Gleichungen (4.52) und (4.53) der Ausdruck aus [132] verwendet, der als Erweiterung des Scharfetter-Gummel-Verfahrens [139] für den nichtisothermen Fall und unter Berücksichtigung der Fermi-Dirac-Verteilung der Ladungsträger hergeleitet werden kann:

$$j_{n,kl} = \vec{j}_{n,kl} \cdot \vec{n}_{kl} = \frac{\mu_{n,kl} k_\mathrm{B} T_{kl} g_{n,kl}}{d_{kl}} \cdot \left(n_l B(X_{n,kl}) - n_k B(-X_{n,kl}) \right), \quad (4.54)$$

$$j_{p,kl} = \vec{j}_{p,kl} \cdot \vec{n}_{kl} = \frac{\mu_{p,kl} k_\mathrm{B} T_{kl} g_{p,kl}}{d_{kl}} \cdot \left(p_k B(X_{p,kl}) - p_l B(-X_{p,kl}) \right). \quad (4.55)$$

Die genauen Ausdrücke für die in Gleichung (4.54) und (4.55) enthaltenen Terme und die Erweiterung gegenüber [132] auf Halbleiterheterostrukturen sind in Anhang B.2 angegeben. Damit ergibt sich schließlich das folgende nichtlineare Gleichungssystem für die Unbekannten ϕ, ϕ_n und ϕ_p:

$$\sum_{l \in N(k)} \varepsilon_0 \varepsilon_{\mathrm{r},kl} \frac{\phi_l - \phi_k}{d_{kl}} A_{kl} + \rho(\phi_k, \phi_{n,k}, \phi_{p,k}) |V_k| = 0 , \quad (4.56)$$

$$\sum_{l \in N(k)} j_n(\phi_k, \phi_{n,k}, \phi_l, \phi_{n,l}) A_{kl} - qR(\phi_k, \phi_{n,k}, \phi_{p,k}) |V_k| = 0 , \quad (4.57)$$

$$\sum_{l \in N(k)} j_p(\phi_k, \phi_{p,k}, \phi_l, \phi_{p,l}) A_{kl} + qR(\phi_k, \phi_{n,k}, \phi_{p,k}) |V_k| = 0 . \quad (4.58)$$

Die Implementierung der ohmschen Randbedingungen erfolgt über die Gleichungen (4.41) - (4.43) an den jeweiligen Randvolumina. Die Oberflächenrekombination, Gleichung (4.45) und (4.46), muss als zusätzlicher Term in den Kontinuitätsgleichungen am Rand der Struktur berücksichtigt werden, Bild 4.14 (b):

$$\sum_{l \in N(k)} j_n(\phi_k, \phi_{n,k}, \phi_l, \phi_{n,l}) A_{kl} - qR(\phi_k, \phi_{n,k}, \phi_{p,k}) |V_k|$$
$$+ qR_\mathrm{SR}(\phi_k, \phi_{n,k}, \phi_{p,k}) A_{kk} = 0 , \quad (4.59)$$

$$\sum_{l \in N(k)} j_p(\phi_k, \phi_{p,k}, \phi_l, \phi_{p,l}) A_{kl} + qR(\phi_k, \phi_{n,k}, \phi_{p,k}) \, |V_k|$$
$$- qR_\mathrm{SR}(\phi_k, \phi_{n,k}, \phi_{p,k}) A_{kk} = 0 , \quad (4.60)$$

für $\vec{x}_k \in \partial\Omega_\mathrm{SR}$. Die unabhängigen Variablen werden im Lösungsvektor $\vec{\phi}$ zusammengefasst:

$$\vec{\phi} = \begin{pmatrix} \phi_1 \\ \phi_{n,1} \\ \phi_{p,1} \\ \phi_2 \\ \phi_{n,2} \\ \vdots \end{pmatrix} . \quad (4.61)$$

Die Gleichungen (4.56) - (4.58) können somit kompakt geschrieben werden als:

$$f_{\mathrm{DDM}}(\vec{\phi}) = 0\,. \tag{4.62}$$

Das nichtlineare Gleichungssystem (4.62) unter den Randbedingungen (4.41) - (4.43) und (4.59) - (4.60) wird iterativ mithilfe eines gedämpften Newton-Raphson-Verfahrens gelöst [137]. Im Vergleich zu der in [31] verwendeten Gummel-Iteration, bei der die Gleichungen (4.56) - (4.58) jeweils entkoppelt voneinander gelöst werden, weist das Newton-Raphson-Verfahren eine höhere asymptotische Konvergenzrate auf [137]. Es erfordert allerdings eine hinreichend genaue Startlösung. Aus diesem Grund wird die angelegte Spannung ausgehend vom Gleichgewichtsfall schrittweise erhöht und die resultierenden Potentiale jeweils als Startwert für den nächsten Spannungswert genutzt. Der vollständige Algorithmus zur Lösung des Drift-Diffusions-Modells ist in Bild 4.15 gezeigt.

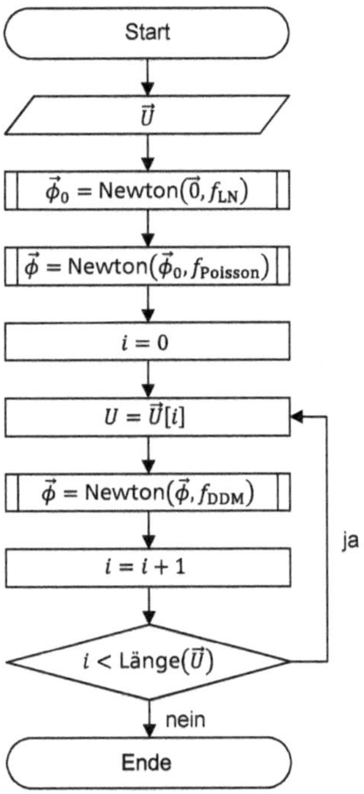

Bild 4.15: Flussdiagramm zur Lösung des Drift-Diffusions-Modells.

Als Eingangsparameter dient der Spannungsvektor $\vec{U}$, der die an den ohmschen Kontakten angelegten Spannungen festlegt. Zunächst wird mithilfe des Newton-Raphson-Verfahrens Gleichung (4.44) für die Ladungsträgerneutralität gelöst. Als Eingangsparameter dienen dabei das zu lösende Gleichungssystem und ein Vektor mit den Startwerten der Iteration. Die in diesem Schritt berechnete Potentialverteilung ϕ_0 dient im nächsten Schritt als Startwert für die Lösung der Poisson-Gleichung (4.56) im thermischen Gleichgewicht, in die das DDM ohne angelegte Spannung übergeht.

Ausgehend von dieser Lösung wird das DDM in Gleichung (4.62) inkrementell für alle Werte im Spannungsvektor $\vec{U}$ gelöst, wobei jeweils die Lösung für die vorherige Spannung als Startwert für die nächste Spannung genutzt wird.

4.3 Elektro-Opto-Thermisches Modell in der vertikal-longitudinalen Ebene

Nachdem im vorangegangenen Abschnitt die Lösung des rein elektrischen Modells diskutiert wurde, werden in Abschnitt 4.3.1 das optische Feld, das in der Laserdiode entsteht, und dessen Wechselwirkung mit den elektrischen Größen berücksichtigt. Dabei wird ausschließlich die Kopplung in der vertikal-longitudinalen Ebene untersucht. Die laterale Richtung wird beim vorgestellten Modell nicht berücksichtigt. In Abschnitt 4.3.2 wird die Kopplung an einen externen Resonator hinzugefügt. Die Erwärmung der Laserdiode und deren Auswirkung auf die Materialparameter werden in Abschnitt 4.3.3 in das Modell mit einbezogen. Schließlich wird das Modell in Abschnitt 4.3.4 anhand einer Beispielstruktur aus der Literatur validiert.

4.3.1 Elektro-Optische Kopplung

In diesem Abschnitt wird zunächst die selbstkonsistente Beschreibung der elektro-optischen Eigenschaften einer Laserdiode ohne externe Rückkopplung erläutert. Das Koordinatensystem wird dabei so gewählt, dass der Nullpunkt der x-Achse immer im Zentrum des Quantenfilms liegt, Bild 4.16. Die Kopplung des optischen Feldes an die elektrischen Gleichungen (4.23) - (4.25) erfolgt durch Berücksichtigung der stimulierten Rekombination innerhalb der aktiven Zone des Halbleiters in Gleichung (4.30):

$$R_{\text{Stim}} = G(x, z, \lambda) \cdot S(x, z)\,. \tag{4.63}$$

Hierbei ist G die optische Verstärkung und S die Photonenflussdichte des optischen Feldes. Dieses wird als vollständig monochromatisch mit der Wellenlänge λ und mit Polarisation entlang der y-Richtung (TE-Polarisation) angenommen. Das verwendete Modell zur Berechnung der optischen Verstärkung als Funktion der Ladungsträgerdichte, der Wellenlänge und der Temperatur wird in Anhang A.5 kurz beschrieben.

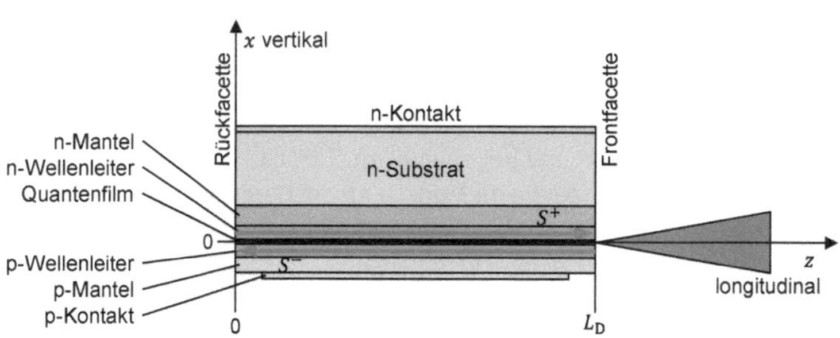

Bild 4.16: Schematische Darstellung einer Laserdiode in der vertikal-longitudinalen Ebene, in der das elektro-optische Modell gelöst wird (nicht maßstabsgetreu).

Die Bestimmung der Photonenflussdichte kann mithilfe verschiedener optischer Modelle erfolgen. Für den Fall ohne externe optische Rückkopplung kann eine eindimensionale Propagationsgleichung gelöst werden [86]. Dabei wird davon ausgegangen, dass die Intensitätsverteilung in vertikaler Richtung stets der Grundmode $S_0(x)$ des Wellenleiters entspricht, da die höheren Moden der untersuchten Struktur einen wesentlich geringeren optischen Einschlussfaktor aufweisen [31]. Der longitudinale Anteil der Photonenflussdichte wird aufgeteilt in einen vorwärts und einen rückwärts propagierenden Anteil, die inkohärent überlagert werden:

$$\begin{aligned} S(x,z) &= S_0(x)S(z) \\ &= S_0(x)\left(S^+(z) + S^-(z)\right). \end{aligned} \tag{4.64}$$

Eine kohärente Überlagerung, d. h. eine Addition der elektrischen Feldverstärken, würde eine longitudinale Auflösung der Modelle erfordern, die deutlich unterhalb der betrachteten Wellenlänge im Medium liegt, und damit zu inakzeptablen Berechnungsdauern führen. Die vorwärts bzw. rückwärts propagierenden Anteile der Photonenflussdichte müssen im stationären Fall die folgenden Gleichungen erfüllen:

$$\partial_z S^+(z) = \left(G_\mathrm{m}(z,\lambda) - \alpha_\mathrm{m}(z)\right) \cdot S^+(z) + \beta_\mathrm{Sp} R_\mathrm{Sp}(z), \tag{4.65}$$

$$\partial_z S^-(z) = -\left(G_\mathrm{m}(z,\lambda) - \alpha_\mathrm{m}(z)\right) \cdot S^-(z) - \beta_\mathrm{Sp} R_\mathrm{Sp}(z). \tag{4.66}$$

Dabei bezeichnen G_m und α_m die modale Verstärkung bzw. Absorption der vertikalen Grundmode $S_0(x)$:

$$G_\mathrm{m}(z,\lambda) = \int_\mathcal{A} G(x,z,\lambda) S_0(x) dx \Big/ \int_{-\infty}^{\infty} S_0(x) dx, \tag{4.67}$$

$$\alpha_\mathrm{m}(z) = \int_{-\infty}^{\infty} \alpha(x,z) S_0(x) dx \Big/ \int_{-\infty}^{\infty} S_0(x) dx. \tag{4.68}$$

β_Sp stellt den Anteil der spontanen Rekombination dar, der in die Grundmode gekoppelt wird, und R_Sp die mittlere spontane Rekombinationsrate in der aktiven Zone:

$$R_\mathrm{Sp}(z) = \int_\mathcal{A} R_\mathrm{Sp}(x,z) dx \Big/ \int_\mathcal{A} dx. \tag{4.69}$$

Die Integration erstreckt sich dabei über die aktive Zone $\mathcal{A}$, die aus einer einzelnen oder mehreren Quantenfilm-Schichten bestehen kann. Eine mögliche Wellenlängenabhängigkeit der Absorption und der spontanen Rekombination wird an dieser Stelle nicht berücksichtigt. Die verwendeten Modelle für die Berechnung der Absorption und der spontanen Rekombination sind ebenfalls in Anhang A dargestellt. An den Facetten müssen die folgenden Randbedingungen gelten:

$$S^+(0) = R_\mathrm{b} S^-(0), \tag{4.70}$$

$$S^-(L_\mathrm{D}) = R_\mathrm{f} S^+(L_\mathrm{D})\,. \tag{4.71}$$

Dabei bezeichnet L_D die Länge der Laserdiode und R_f bzw. R_b die Reflektivität der Front- bzw. der Rückfacette. Diese Randbedingungen stellen sicher, dass sich das optische Feld nach einem Umlauf wieder reproduziert, d. h. dass sich optische Verstärkung und Verluste im stationären Fall ausgleichen.

Die Lösung der Differentialgleichungen (4.65) und (4.66) unter den angegebenen Randbedingungen kann ausgehend von einer gegebenen Photonenflussdichte $S^+(L_\mathrm{D})$ iterativ mit einem Finite-Differenzen-Ansatz berechnet werden:

$$S^-(z_i) = S^-(z_{i+1}) \cdot \left(1 + \left(G_{\mathrm{m},i+1}(\lambda) - \alpha_{\mathrm{m},i+1}\right)\Delta z_i\right) + \beta_\mathrm{Sp} R_{\mathrm{Sp},i+1} \Delta z_i\,, \tag{4.72}$$

$$S^+(z_{i+1}) = S^+(z_i) \cdot \left(1 + \left(G_{\mathrm{m},i}(\lambda) - \alpha_{\mathrm{m},i}\right)\Delta z_i\right) + \beta_\mathrm{Sp} R_{\mathrm{Sp},i} \Delta z_i\,, \tag{4.73}$$

mit dem Abstand der Gitterpunkte in longitudinaler Richtung $\Delta z_i = z_{i+1} - z_i$. Die Ausgangsleistung kann schließlich berechnet werden über:

$$\begin{aligned} P &= S^+(L_D) \cdot (1 - R_\mathrm{f}) \cdot \frac{hc_0}{\lambda} \cdot w_\mathrm{inj} \int_{-\infty}^{\infty} S_0(x)dx \\ &= S^+(L_D) \cdot C_0\,, \end{aligned} \tag{4.74}$$

mit der Breite des Injektionsstreifens w_inj und der Vakuumlichtgeschwindigkeit c_0. Die Konstante C_0 fasst die entsprechenden Vorfaktoren zusammen.

Da die stimulierte Rekombination oberhalb der Laserschwelle den dominanten Rekombinationsmechanismus darstellt, liegt eine starke Kopplung der elektrischen Gleichungen (4.62) und der optischen Gleichungen (4.65) und (4.66) vor. Ein entkoppelter, iterativer Lösungsalgorithmus, bei dem diese Gleichungen abwechselnd gelöst werden, bis die elektrischen und optischen Ausgangsgrößen konvergieren, kann aus diesem Grund zu Instabilitäten neigen. Beispielsweise führt eine im Vergleich zur selbstkonsistenten Lösung zu niedrige Photonenflussdichte im nächsten Iterationsschritt zu erhöhten Inversionsladungsträgerdichten im elektrischen Modell und damit zu einer großen optischen Verstärkung. Die Photonenflussdichte steigt dadurch stark an, was wiederum im folgenden Iterationsschritt eine deutliche Abnahme der Ladungsträgerdichten bewirkt. Auf diese Weise kann es zu starken Oszillationen der Ausgangsgrößen um die gesuchte Lösung kommen, ohne dass Konvergenz, d. h. eine Umlaufverstärkung von 1, erreicht wird. Dieses Problem kann vermieden werden, indem eine zusätzliche Gleichung für die Photonenzahl S_Ph der Grundmode im Resonator eingeführt und selbstkonsistent mit dem Drift-Diffusions-Modell, Gleichung (4.62), gelöst wird [133]:

$$S_\mathrm{Ph}(\bar{G}_\mathrm{m}(\lambda) - \bar{\alpha}_\mathrm{m} - \alpha_\mathrm{M}) + \frac{\beta_\mathrm{Sp}}{c_0} n_\mathrm{eff,m} \cdot R_\mathrm{Sp,int} = 0\,. \tag{4.75}$$

$\bar{G}_\mathrm{m}$ und $\bar{\alpha}_\mathrm{m}$ werden durch Mittelung von $G_\mathrm{m}(z)$ und $\alpha_\mathrm{m}(z)$ entlang der longitudinalen Achse bestimmt. Der verteilte Spiegelverlust α_M kann berechnet werden über:

$$\alpha_{\mathrm{M}} = \frac{1}{2L_{\mathrm{D}}} \cdot \ln\left(\frac{1}{R_{\mathrm{f}} \cdot R_{\mathrm{b}}}\right). \tag{4.76}$$

Des Weiteren bezeichnet $n_{\mathrm{eff,m}}$ den effektiven Index der Grundmode und $R_{\mathrm{Sp,int}}$ die integrierte spontane Rekombinationsrate über die gesamte aktive Region:

$$R_{\mathrm{Sp,int}} = w_{\mathrm{inj}} \int_{\mathcal{A}} dx \int_{0}^{L_{\mathrm{D}}} R_{\mathrm{Sp}}\,(x,z)\,dz\,. \tag{4.77}$$

Die Wellenlänge wird durch Maximierung des Ausdrucks $\bar{G}_{\mathrm{m}}(\lambda)$ festgelegt:

$$\lambda = \operatorname{argmax}\big(\bar{G}_{\mathrm{m}}(\lambda)\big)\,. \tag{4.78}$$

Durch Gleichung (4.75) ist sichergestellt, dass eine Umlaufverstärkung von 1 erreicht wird. Die Photonenflussdichte setzt sich dann aus einem normierten Profil $\tilde{S}(x,z)$ und der bestimmten Photonenzahl zusammen:

$$S(x,z) = S_{\mathrm{Ph}}\tilde{S}(x,z) = S_{\mathrm{Ph}}S_0(x)\tilde{S}(z)\,, \tag{4.79}$$

mit

$$\frac{w_{\mathrm{inj}}}{c_0} n_{\mathrm{eff,m}} \int_{0}^{L_{\mathrm{D}}} \int_{-\infty}^{\infty} \tilde{S}(x,z)dxdz = 1\,. \tag{4.80}$$

Um das korrekte Profil $\tilde{S}(z)$ zu bestimmen, werden die optischen Gleichungen (4.65) und (4.66) sowie das um (4.63) und (4.75) erweiterte Drift-Diffusions-Modell iterativ gelöst, bis die Veränderungen im Profil eine vorgegebene Toleranz $\varepsilon_{\mathrm{Ph}}$ unterschreiten. Der vollständige Algorithmus zur Lösung des gekoppelten elektro-optischen Problems ist in Bild 4.17 dargestellt. Als Eingangsparameter dient wie in Bild 4.15 der Vektor der angelegten Spannungen. Weiterhin muss das Profil der Grundmode in vertikaler Richtung S_0 vorgegeben werden und es müssen die erforderliche Toleranz $\varepsilon_{\mathrm{Ph}}$ sowie die maximal zulässige Anzahl an Iterationen N_{Ph} spezifiziert werden. Die Photonenflussdichten werden zunächst als verschwindend angenommen. In der äußeren Iterationsschleife wird die angelegte Spannung schrittweise erhöht. Die folgende innere Iterationsschleife dient der selbstkonsistenten Lösung des elektro-optischen Problems. Die Photonenflussdichten werden nach Gleichung (4.80) normiert. Für den Fall verschwindender Photonenflussdichten ergibt dieses Integral null und es kann das rein elektrische Drift-Diffusions-Modell (DDM), Gleichung (4.62), gelöst werden. Anhand der resultierenden Ladungsträgerdichten können die mittlere optische Verstärkung $\bar{G}_{\mathrm{m}}$ und Absorption $\bar{\alpha}_{\mathrm{m}}$ berechnet werden. Ist die bestimmte Nettoverstärkung $\bar{G}_{\mathrm{m}} - \bar{\alpha}_{\mathrm{m}} - \alpha_{\mathrm{M}} \leq 0$, kann der entsprechende Spannungsschritt beendet werden, da die Laserschwelle noch nicht überschritten wird. Für $\bar{G}_{\mathrm{m}} - \bar{\alpha}_{\mathrm{m}} - \alpha_{\mathrm{M}} > 0$ muss hingegen das gekoppelte elektro-optische Problem gelöst werden. Dazu werden zunächst die Photonenflussdichten mit einem in z-Richtung konstanten Profil initialisiert. Im linken Teil der Iterationsschleife wird das um Gleichung (4.63) und (4.75) erweiterte Drift-Diffusions-Modell ($\mathrm{DDM_{Ph}}$) gelöst. Die Photonenflussdichten werden mit der bestimmten Photonenzahl S_{Ph} nach

Gleichung (4.79) multipliziert. Ausgehend vom resultierenden Wert für $S^+(L_D)$ wird das optische Modell nach Gleichung (4.72) und (4.73) gelöst.

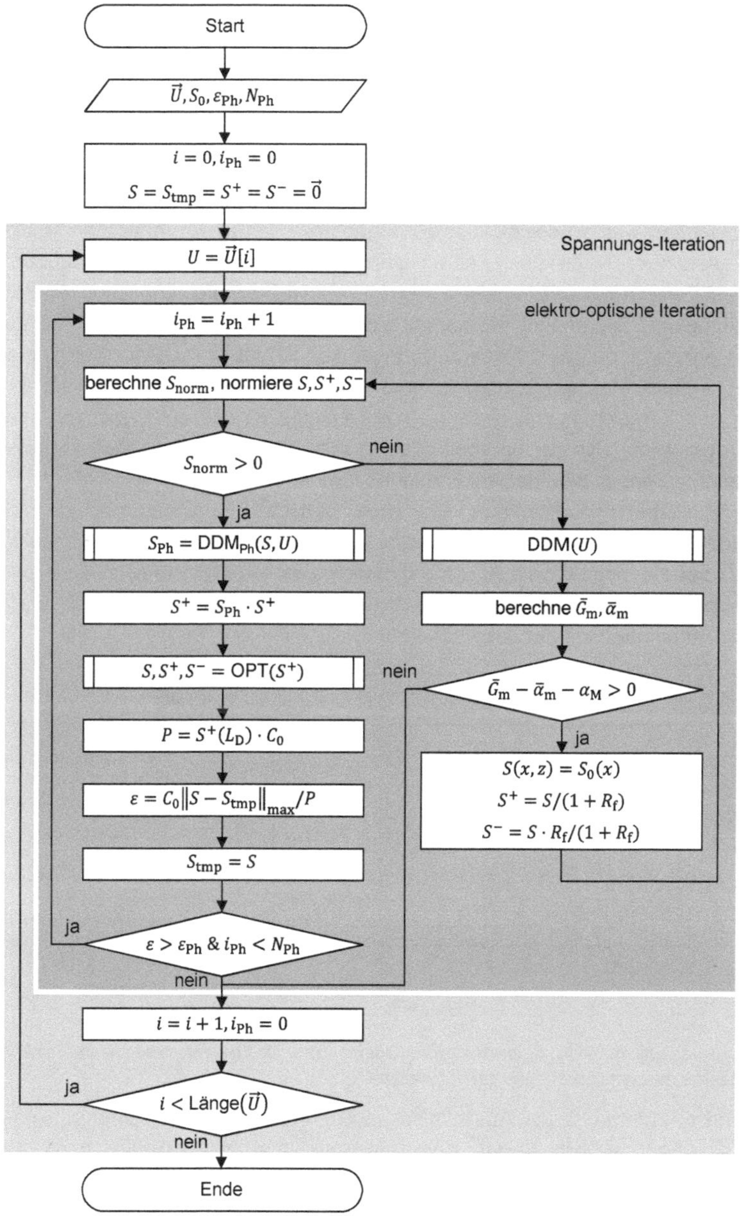

Bild 4.17: Algorithmus zur Lösung des gekoppelten elektro-optischen Problems.

Die maximale Abweichung zwischen der berechneten Photonenflussdichte $S(z)$ und der Photonenflussdichte der vorherigen Iteration $S_{\mathrm{tmp}}(z)$ wird mithilfe der konstanten C_0 aus Gleichung (4.74) in eine Leistung überführt und ins Verhältnis zur Ausgangsleistung P gesetzt. Ist das hiermit berechnete Maß für die Abweichung zwischen den beiden Iterationsschritten ε kleiner als die erforderliche Toleranz $\varepsilon_{\mathrm{Ph}}$, wird die elektrooptische Iteration als konvergiert angesehen und es kann der nächste Spannungsschritt berechnet werden. Falls auch nach N_{Ph} Iterationsschritten die vorgegebene Toleranz nicht erreicht wird, wird die innere Schleife abgebrochen und es wird ebenfalls zum nächsten Wert im Vektor der angelegten Spannungen übergegangen.

Im Folgenden werden beispielhaft die Ergebnisse des elektro-optischen Modells für die Laserdiode D1 diskutiert, deren Kenngrößen in Tabelle D.1 angegeben sind. Weitere Parameter der Simulation sind in Tabelle D.5 aufgeführt. Eine Analyse der Verteilung der Elektronendichte innerhalb des Quantenfilms entlang der longitudinalen Achse erfolgt für drei verschiedene Stromstärken, Bild 4.18 (a). Der Übergang zu den ungepumpten Bereichen ist gut erkennbar an einer Überhöhung, die aus dem abrupten Ende des Kontakts resultiert, und einem anschließenden sprunghaften Abfall der Elektronendichte. Knapp oberhalb der Laserschwelle bei 1 A liegt im elektrisch gepumpten Bereich eine nahezu konstante Ladungsträgerdichte vor, während bei 2 A und 10 A durch das stärker werdende optische Feld ein klar erkennbares longitudinales Lochbrennen (Longitudinal Spatial Hole Burning, LSHB) auftritt. Im Mittel über die longitudinale Achse ergibt sich eine etwa konstante Elektronendichte im gesamten Intervall von 1 A bis 10 A durch das Clamping der Inversionsladungsträgerdichten oberhalb der Laserschwelle.

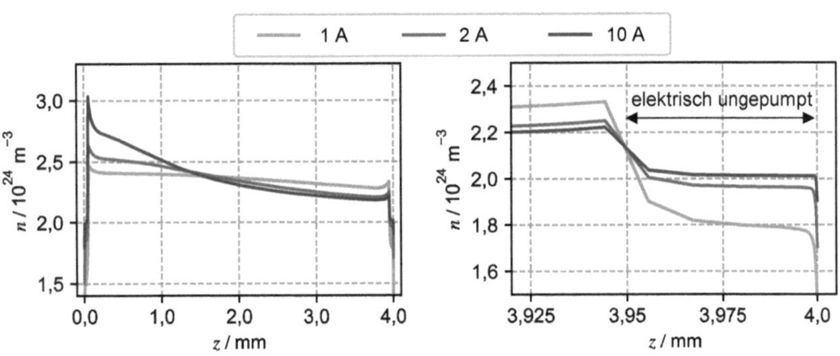

Bild 4.18: (a) Elektronendichte innerhalb des Quantenfilms für drei verschiedene Stromstärken, (b) vergrößerter Ausschnitt aus (a) an der Frontfacette.

Anhand des vergrößerten Ausschnitts an der Frontfacette ist erkennbar, dass die Ladungsträger außerhalb des Kontaktfensters (bei $z > 3{,}95$ mm) bei 1 A noch hauptsächlich durch longitudinale Diffusion entstehen, Bild 4.18 (b). Bei höheren Strömen wird die Ladungsträgerdichte durch optisches Pumpen durch die Laserstrahlung nahezu bis auf den Transparenzwert von etwa $2 \cdot 10^{24}$ m^{-3} erhöht.

Unmittelbar an der Facette tritt zusätzlich eine weitere sprunghafte Abnahme der Elektronendichte durch Oberflächenrekombination, Gleichung (4.47), auf.

Die bereits zuvor angesprochene Überhöhung am Kontakt-Ende ist bei Betrachtung der vertikalen Komponente der Stromdichte innerhalb des Quantenfilms ebenfalls sichtbar und wird ausgeprägter bei zunehmender Stromstärke, Bild 4.19 (a). Weiterhin bewirkt die stimulierte Rekombination eine leichte Zunahme der Stromdichte zur Frontfacette hin. Die longitudinalen Profile der vorwärts und rückwärts propagierenden Photonenflussdichten in Bild 4.19 (b) weisen in der Nähe der Rückfacette einen konstanten Verlauf auf, der durch das optische Pumpen der elektrisch ungepumpten Bereiche bis zur Transparenz bedingt ist.

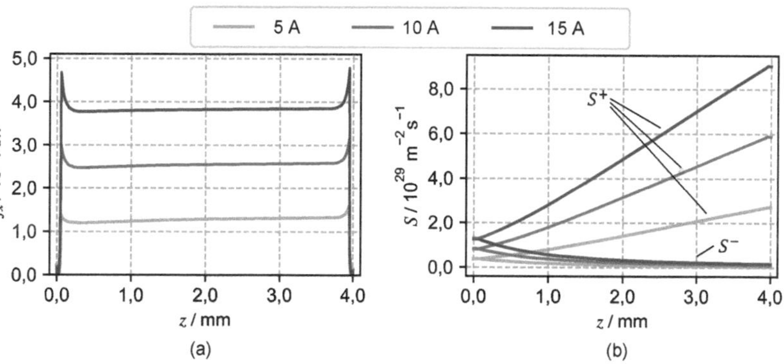

Bild 4.19: (a) Vertikale Komponente der elektrischen Stromdichte innerhalb des Quantenfilms, (b) vorwärts und rückwärts propagierende Photonenflussdichte.

4.3.2 Kopplung an ein externes optisches Modell

Das im vorherigen Abschnitt diskutierte, eindimensionale optische Modell setzt voraus, dass das optische Feld in vertikaler Richtung stets mit der Grundmode des Wellenleiters übereinstimmt. Wird ein externer optischer Resonator verwendet, treten zumindest in unmittelbarer Nähe der Frontfacette Abweichungen von der Grundmode auf, da die zurückgekoppelte Feldverteilung auch ohne Dejustage nicht der Grundmode entspricht, wie in Bild 4.8 gezeigt wurde. Dies führt zu einer Anregung der höheren Moden des Wellenleiters bzw. zu einer Dämpfung der Feld-Anteile, die nicht in die Wellenleiter-Moden eingekoppelt werden können. In diesem Fall muss deshalb auf ein zweidimensionales optisches Modell zurückgegriffen werden, das die optische Propagation durch eine Wellenleiterstruktur beschreiben kann. Im Folgenden wird dazu die in [31] ausführlich beschriebene Wide-Angle Beam Propagation Method (WA-BPM) auf Finite-Differenzen-Basis verwendet. Um numerische Verluste der höheren Wellenleiter-Moden zu vermeiden, wird diese hier jedoch mit einer höheren Ordnung der Padé-Näherung [140] implementiert, siehe Anhang B.3. Die Berechnung der Propagation durch den externen Resonator erfolgt mit den in Abschnitt 4.1 vorgestellten Methoden. Ausgehend vom Ausgangsfeld an der Frontfacette der vorherigen Iteration $S_{i-1}^{+}(L_\mathrm{D})$ wird dabei zunächst das rückgekoppelte Feld $S_i^{-}(L_\mathrm{D})$ im aktuellen Iterationsschritt berechnet, Bild 4.20. Dazu werden das an der Frontfacette intern reflektierte Feld und die vom externen Resonator reflektierte Feldverteilung inkohärent überlagert. Das resultierende Feld dient schließlich als Startverteilung für die WA-BPM zur Bestimmung der Intensitätsverteilung innerhalb der Laserdiode und des Ausgangsfelds an der Frontfacette für den nächsten Iterationsschritt.

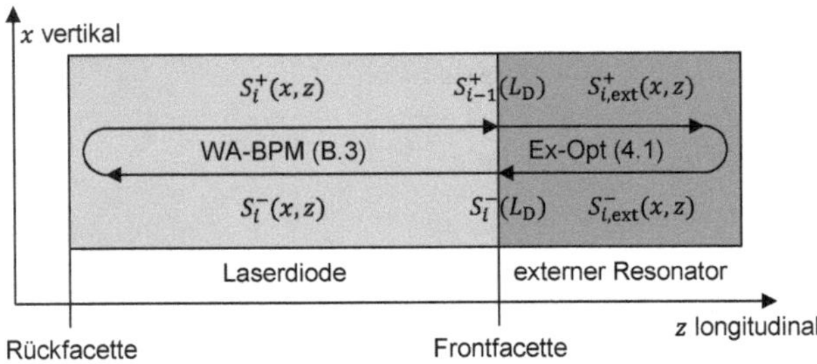

Bild 4.20: Berechnung des optischen Feldes im gekoppelten Resonator.

Da das vertikale Profil des optischen Feldes nun eine Abhängigkeit von der z-Koordinate aufweist, muss dies bei der Berechnung der mittleren Verstärkung bzw. der mittleren Absorption in Gleichung (4.75) berücksichtigt werden:

$$\bar{G}_{\mathrm{m}}(\lambda) = \int_0^{L_\mathrm{D}} \left(\frac{\int_{\mathcal{A}} G(x,z,\lambda) S(x,z) dx}{\int_{-\infty}^{\infty} S(x,z) dx} \right) dz / L_\mathrm{D}\,, \tag{4.81}$$

$$\bar{\alpha}_{\mathrm{m}} = \int_0^{L_\mathrm{D}} \left(\frac{\int_{-\infty}^{\infty} \alpha(x,z) S(x,z) dx}{\int_{-\infty}^{\infty} S(x,z) dx} \right) dz / L_\mathrm{D}\,. \tag{4.82}$$

Der Ausdruck für den Spiegelverlust in Gleichung (4.75) muss ebenfalls angepasst werden, denn der Anteil des zurückgekoppelten Feldes, der nicht in den Wellenleiter eingekoppelt werden kann, stellt einen weiteren Verlust dar. Aus diesem Grund wird hier eine effektive Frontfacetten-Reflektivität eingeführt, die sich aus dem wellenlängenabhängigen Reflexionsgrad des externen optischen Elementes $R_\mathrm{f}^{\mathrm{ext}}(\lambda)$, der verbleibenden Reflektivität der Frontfacette des Chips R_f und den nach Gleichung (4.20) berechneten Überlapp-Integralen Γ_i des zurückgekoppelten Feldes mit den Eigenmoden des Wellenleiters zusammensetzt [141]:

$$R_\mathrm{f}^{\mathrm{eff}}(\lambda) = R_\mathrm{f} + \frac{(1-R_\mathrm{f})^2 \cdot R_\mathrm{f}^{\mathrm{ext}}(\lambda) \cdot \sum_i \Gamma_i}{1 - R_\mathrm{f} \cdot R_\mathrm{f}^{\mathrm{ext}}(\lambda) \cdot \sum_i \Gamma_i}\,. \tag{4.83}$$

Da in diesem Fall auch die Reflektivität eine spektrale Abhängigkeit aufweist, muss der Ausdruck zur Bestimmung der Wellenlänge entsprechend erweitert werden:

$$\lambda = \operatorname{argmax}\left(\bar{G}_{\mathrm{m}}(\lambda) - \alpha_\mathrm{M}^{\mathrm{eff}}(\lambda)\right), \tag{4.84}$$

mit

$$\alpha_{\mathrm{M}}^{\mathrm{eff}}(\lambda) = \frac{1}{2L_{\mathrm{D}}} \ln\left(\frac{1}{R_{\mathrm{f}}^{\mathrm{eff}}(\lambda) \cdot R_{\mathrm{b}}}\right). \tag{4.85}$$

Eine spektrale Abhängigkeit der internen optischen Verluste in Gleichung (4.82) wird dabei wegen des geringen zu erwartenden Einflusses vernachlässigt.

Aufgrund der unterschiedlichen Dämpfung der verschiedenen Moden des Wellenleiters stellt die Einführung einer effektiven Reflektivität nur eine relativ grobe Näherung dar. Geringe Abweichungen der mithilfe des optischen Modells berechneten Umlaufverstärkung G_{Umlauf} vom angestrebten Wert 1 können jedoch durch eine Anpassung der effektiven Frontfacetten-Reflektivität korrigiert werden:

$$\tilde{R}_{\mathrm{f}}^{\mathrm{eff}} = R_{\mathrm{f}}^{\mathrm{eff}} \cdot G_{\mathrm{Umlauf}}. \tag{4.86}$$

Hierbei wird nur die Reflektivität in Gleichung (4.83) angepasst, die in Gleichung (4.75) eingeht, sodass das optische Modell aus WA-BPM und externer optischer Propagation unverändert bleibt. Physikalisch werden die Gleichungen dadurch nicht verändert, es wird lediglich sichergestellt, dass Gleichung (4.75) eine selbstkonsistente Kopplung des elektrischen und optischen Modells ermöglicht. Der grundlegende Ablauf des Lösungsalgorithmus bleibt unverändert gegenüber Bild 4.17.

Im Folgenden werden die Ergebnisse für die bereits in Abschnitt 4.3.1 analysierte Laserdiode D1 diskutiert, die durch einen externen Resonator bestehend aus FAC und VBG erweitert wird, siehe Bild 4.21 (a) und Tabelle D.1 bzw. Tabelle D.3. Hier wird allerdings eine reduzierte interne Reflektivität an der Frontfacette angenommen (R_{f} = 0,5 %) und die Reflektivität des VBG wird mit $R_{\mathrm{f}}^{\mathrm{ext}}$ = 4 % angesetzt. Das optische Feld, das durch Rückkopplung der Grundmode des Wellenleiters nach einem Umlauf durch den externen Resonator entsteht, ist in Bild 4.21 (b) zusammen mit den drei Eigenmoden des Wellenleiters gezeigt. Da keine vollständige Übereinstimmung des rückgekoppelten Feldes mit der Grundmode vorliegt, werden zumindest in der Nähe der Frontfacette auch die höheren Moden des Wellenleiters leicht angeregt.

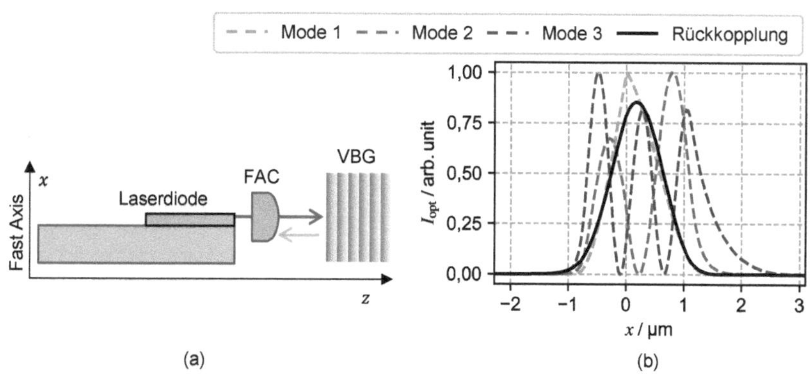

Bild 4.21: (a) ECDL Aufbau, (b) Eigenmoden des Wellenleiters und rückgekoppelte Feldverteilung an der Frontfacette bei Emission der Grundmode.

Die Interferenz der drei angeregten Moden des Wellenleiters ist anhand der berechneten Intensitätsverteilungen bei einer Stromstärke von 10 A deutlich sichtbar, Bild 4.22. Ihr Einfluss nimmt jedoch bei der Vorwärtspropagation stark ab, da die höheren Moden eine geringere Verstärkung erfahren. Die Verteilung an der Frontfacette stimmt wieder nahezu mit der Grundmode des Wellenleiters überein.

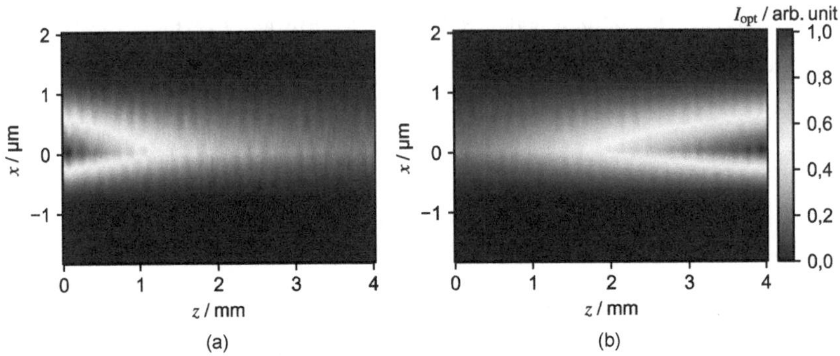

Bild 4.22: Normiertes Profil der rückwärts (a) bzw. vorwärts (b) propagierenden Intensitätsverteilung beim Betrieb mit externer optischer Rückkopplung bei 10 A.

Über die stimulierte Rekombination wirkt sich die Moden-Interferenz weit oberhalb der Laserschwelle auch auf die Ladungsträgerdichten im Quantenfilm aus und verursacht dort mit zunehmender optischer Leistung ebenfalls starke Oszillationen, Bild 4.23 (a). Der Einfluss der Moden-Interferenz auf die Stromdichteverteilung ist hingegen minimal, Bild 4.23 (b).

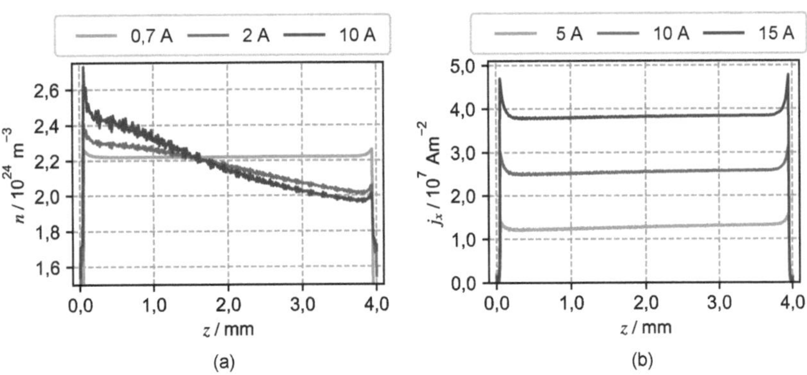

Bild 4.23: Elektronendichte (a) und vertikale Komponente der elektrischen Stromdichte (b) innerhalb des Quantenfilms für drei verschiedene Stromstärken unter externer optischer Rückkopplung.

4.3.3 Thermische Kopplung

Obwohl Laserdioden die mit Abstand effizientesten Laserstrahlquellen darstellen, werden auch hier etwa 30-40 % der Eingangsleistung in Wärme umgewandelt. Durch die Temperaturabhängigkeit der Materialparameter des elektro-optischen Modells, siehe Anhang A, wirkt sich dies insbesondere bei hohen Leistungen auf alle Ausgangsgrößen der Simulation aus und erfordert daher eine Berechnung der Temperaturverteilung innerhalb der Laserdiode. Um realistische Temperaturen bestimmen zu können, muss die Simulationsdomäne um die Wärmesenke erweitert werden, Bild 4.24. Weiterhin muss auch die bisher vernachlässigte laterale Dimension berücksichtigt werden, da in dieser Achse durch die Ausdehnung der Wärmesenke über die Breite des Chips hinaus eine signifikante Wärmespreizung stattfindet, siehe Bild 4.1. Dazu werden die im elektro-optischen Modell berechneten Wärmequellen in lateraler Richtung über die Breite des Injektionsstreifens extrapoliert.

Die Temperaturverteilung innerhalb der Simulationsdomäne kann mithilfe der stationären Wärmeleitungsgleichung berechnet werden [31, 73]:

$$\vec{\nabla} \cdot \left(-\kappa \vec{\nabla} T\right) = q_{\mathrm{H}}\,, \tag{4.87}$$

mit der Wärmeleitfähigkeit κ und der Wärmequelldichte q_{H}. Letztere lässt sich mithilfe der Ausgangsgrößen des elektro-optischen Modells ausdrücken als [129, 132]:

$$q_{\mathrm{H}} = q_{\mathrm{Joule}} + q_{\mathrm{NR}} + q_{\mathrm{Abs}}\,, \tag{4.88}$$

$$q_{\mathrm{Joule}} = \frac{|\vec{J}_n|^2}{\sigma_n} + \frac{|\vec{J}_p|^2}{\sigma_p}\,, \tag{4.89}$$

$$q_{\mathrm{NR}} = q\left(\phi_p - \phi_n + TP_p - TP_n\right)R\,, \tag{4.90}$$

$$q_{\mathrm{Abs}} = \alpha I_{\mathrm{opt}}\,. \tag{4.91}$$

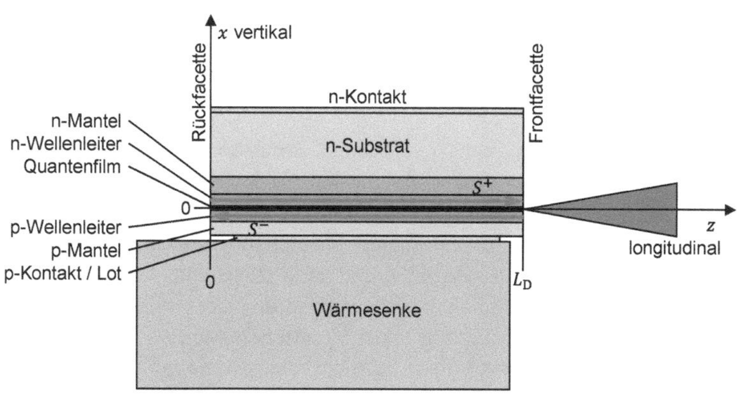

Bild 4.24: Simulationsdomäne für das elektro-opto-thermische Modell (nicht maßstabsgetreu).

Der erste Term in Gleichung (4.88) beschreibt die joulesche Wärme infolge des dissipativen Stromtransports. Der zweite Term gibt die bei nichtstrahlender Rekombination von Ladungsträgern entstehende Wärmequelle an. Dieser geht im Grenzfall nichtentarteter Halbleiter, unter Verwendung der Gleichungen (4.28) - (4.29), (4.38) - (4.39) und (A.1) - (A.2) sowie bei Vernachlässigung der Temperaturabhängigkeit der Bandlücke [132] in das phänomenologisch erwartete Ergebnis

$$q_{\mathrm{NR}} = (E_{\mathrm{G}} + 3k_{\mathrm{B}}T)R \tag{4.92}$$

über, bei dem die Ladungsträger vor der Relaxation zur Bandkante jeweils im Mittel eine thermische Energie von $3/2k_{\mathrm{B}}T$ aufweisen. Nur ein kleiner Bruchteil β_{Sp} der spontanen Emission wird in die Lasermoden des Resonators eingekoppelt. Die verbleibenden spontan emittierten Photonen werden im Halbleiter bzw. den Metallschichten absorbiert und können deshalb auch als Wärmequelle angesehen werden, sodass in Gleichung (4.90) die gesamte Rekombinationsrate (4.30) angesetzt wird. Der letzte Term in Gleichung (4.88) drückt schließlich die Absorption des optischen Feldes mit dem Absorptionskoeffizienten α, Gleichung (A.17), und der optischen Intensität I_{opt} aus. Der in [132] zusätzlich aufgeführte Term für den Thomson-Peltier-Effekt, der für die Beschreibung thermoelektrischer Bauelemente wichtig ist, wird in dieser Arbeit nicht berücksichtigt.

Als Randbedingung wird am unteren Ende der Wärmesenke eine Robin-Randbedingung angesetzt [73]:

$$\vec{n} \cdot \left(-\kappa \vec{\nabla} T\right) = h_{\mathrm{C}}(T - T_{\mathrm{C}})\,, \tag{4.93}$$

mit dem Normalenvektor $\vec{n}$, dem Wärmeübergangskoeffizienten h_{C} und der Kühlertemperatur T_{C}. An allen weiteren Rändern der Simulationsdomäne werden homogene Neumann-Randbedingungen, d. h. ein verschwindender Wärmestrom, angenommen:

$$\vec{n} \cdot \left(-\kappa \vec{\nabla} T\right) = 0\,. \tag{4.94}$$

Eine Ausnahme bilden hierbei die Facetten der Laserdiode. Hier entsteht aufgrund der Oberflächenrekombination eine entsprechende Wärmequelle:

$$\vec{n} \cdot \left(-\kappa \vec{\nabla} T\right) = -q\left(\phi_p - \phi_n + TP_p - TP_n\right)R_{\mathrm{SR}}\,. \tag{4.95}$$

Die Wärmeleitungsgleichung (4.87) wird unter Berücksichtigung der angegebenen Randbedingungen mit einer Diskretisierung auf Basis finiter Differenzen gelöst. Im Gegensatz zur starken Kopplung der elektrischen und optischen Gleichungen liegt zwischen dem elektro-optischen und dem thermischen Modell in der Regel nur eine schwache Kopplung vor. Aus diesem Grund kann Gleichung (4.87) entkoppelt vom elektro-optischen Modell mit einem Iterationsverfahren gelöst werden, Bild 4.25. Dazu werden zunächst durch Lösen des elektro-optischen Modells die Wärmequellen berechnet. Diese wiederum werden genutzt, um ein neues Temperaturfeld zu bestimmen. Die Rückkopplung des thermischen auf das elektro-optische Modell erfolgt durch die Anpassung der Materialparameter für das berechnete Temperaturfeld gemäß der in Anhang A beschriebenen Materialmodelle. Außerdem muss die Anpassung der Wellenlänge nach Gleichung (4.78) bzw. Gleichung (4.84) erfolgen. Fällt die maximal auftretende Temperaturabweichung zwischen zwei Iterationsschritten unter eine definierte Schwelle ε_T, liegt eine selbstkonsistente Lösung des elektro-opto-thermischen Modells vor und die Iteration kann beendet werden.

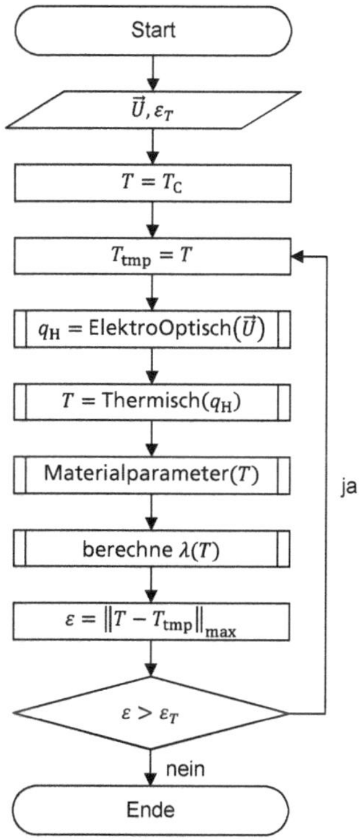

Bild 4.25: Algorithmus zum elektro-opto-thermischen Modell.

Im Weiteren werden zunächst die Ergebnisse für die Laserdiode D1 mit Wärmesenke, Tabelle D.1 und Tabelle D.2, ohne externe Rückkopplung analysiert. Ein Schnitt durch die Temperaturverteilung im Zentrum des Kontaktstreifens bei $y = 0$ für eine Stromstärke von 10 A ist in Bild 4.26 gezeigt. Während im hinteren Bereich der Wärmesenke die Temperatur nahezu bei der Kühlertemperatur von 293 K bleibt, steigt diese innerhalb der aktiven Zone nahe der Frontfacette ($z = 4$ mm) auf mehr als 320 K an, vgl. auch Bild 4.24. Die Leistungskennlinie in Bild 4.27 (a) weist bei hohen Strömen bereits ein deutliches thermisches Überrollen im Vergleich zur Berechnung bei konstanter Temperatur auf. Die mittlere Temperatur in der aktiven Zone nimmt zwischen 0 A und 18 A um mehr als 70 K zu, die maximale Temperatur um mehr als 90 K, Bild 4.27 (b).

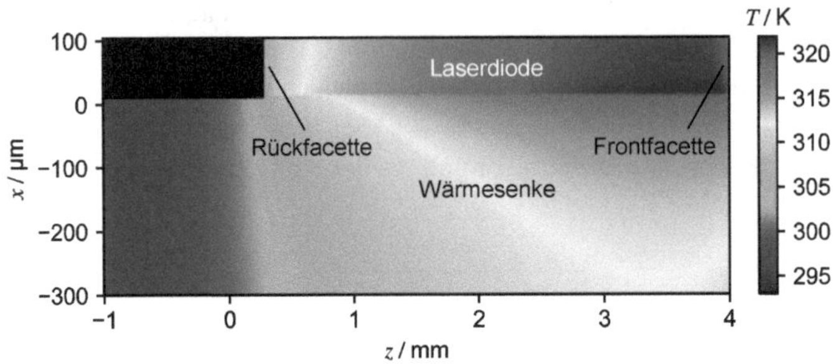

Bild 4.26: Schnitt durch die Temperaturverteilung bei $y = 0$ und einem Strom von 10 A.

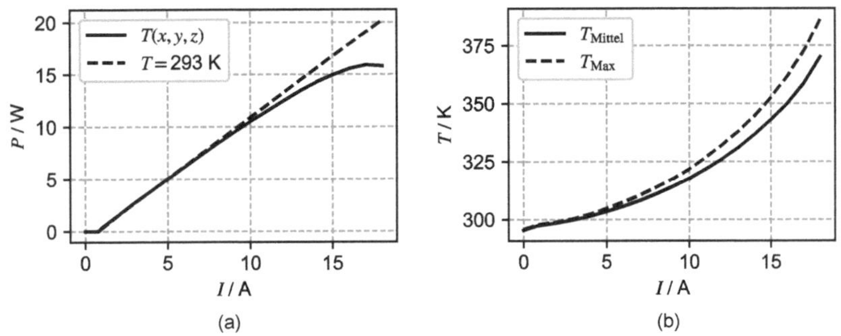

Bild 4.27: (a) Leistungskennlinie mit und ohne Berücksichtigung des Temperaturanstiegs, (b) mittlere Temperatur innerhalb des Quantenfilms und maximale Temperatur in der Simulationsdomäne.

Ein eindimensionaler Schnitt durch die Temperaturverteilung im Quantenfilm bei $y = 0$ ist in Bild 4.28 (a) für drei verschiedene angelegte Spannungen dargestellt. Bei einer Spannung von 1,8 V ist eine Reduktion der Temperatur an den Facetten durch die elektrisch ungepumpten Bereiche deutlich erkennbar. Die Elektronendichte innerhalb der aktiven Zone in Bild 4.28 (b) weist aufgrund der Reduktion der optischen Verstärkung mit zunehmender Temperatur einen erheblichen Anstieg bei 1,8 V im Vergleich zum isothermen Fall auf. Die Temperaturzunahme zur Frontfacette hin bewirkt infolge der temperaturabhängigen Materialparameter bei gleicher angelegter Spannung einen lokalen Anstieg der elektrischen Stromdichte, Bild 4.28 (c).

In Bild 4.29 ist der Beitrag der einzelnen Wärmequellen und der Ausgangsleistung jeweils normiert auf die Eingangsleistung $P_{\text{in}} = U \cdot I$ dargestellt. Oberhalb eines Stroms von etwa 5 A stimmt die Summe der berechneten Leistungen sehr gut mit der elektrischen Eingangsleistung überein. Zwischen 5 A und 7,5 A erreicht die elektrooptische Effizienz ihr Maximum. Bei größeren Stromstärken nimmt der Beitrag der jouleschen Wärme und der nichtstrahlenden Rekombination zur gesamten Leistungsaufnahme kontinuierlich zu, während der Anteil der Absorption nahezu unverändert bleibt.

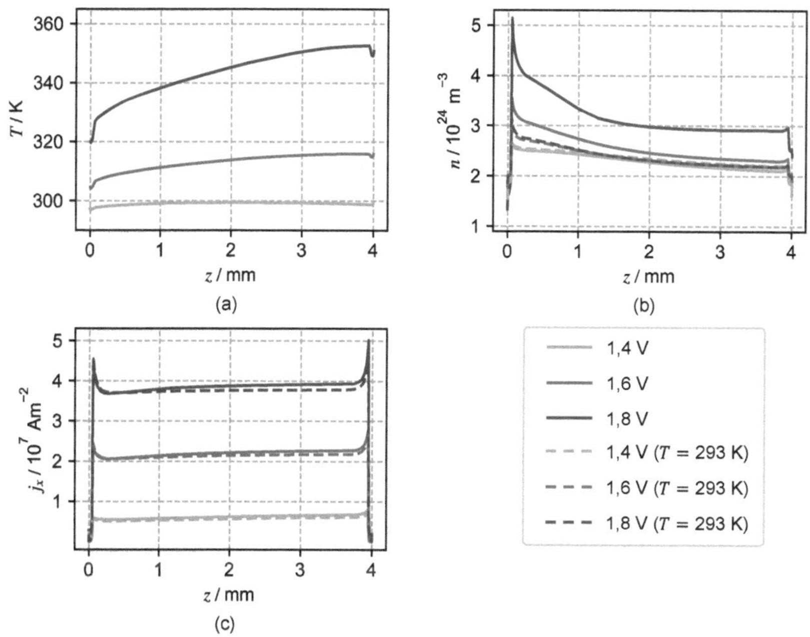

Bild 4.28: (a) Longitudinaler Schnitt durch die Temperaturverteilung im Quantenfilm bei $y = 0$ für verschiedene angelegte Spannungen; Elektronendichte (b) und vertikale Komponente der Stromdichte (c) im Quantenfilm für den isothermen und den nichtisothermen Fall. Die angelegten Spannungen entsprechen Strömen von 2,4 A, 8,6 A bzw. 15 A.

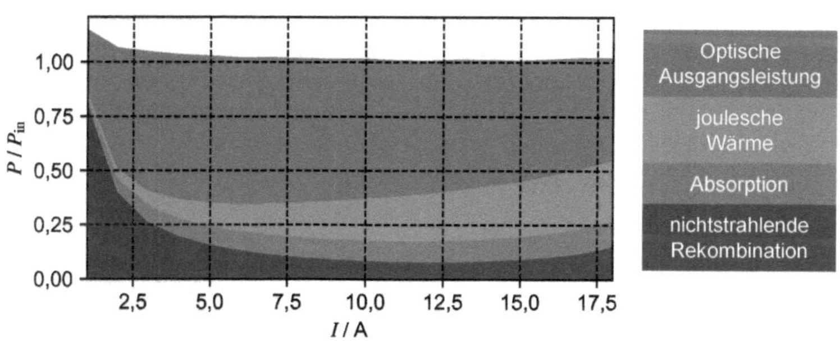

Bild 4.29: Beitrag der verschiedenen Wärmeleistungen und der Ausgangsleistung zur Eingangsleistung.

Abschließend ist in Bild 4.30 (a) der Einfluss der Temperaturerhöhung auf die Emissionswellenlänge dargestellt. Für eine freilaufende Laserdiode ergibt sich wie erwartet eine lineare Zunahme in Abhängigkeit der mittleren Temperatur des Quantenfilms mit einer Steigung von etwa 0,3 nm/K. Bei spektraler Stabilisierung mit dem in Bild 4.21 (a) gezeigten externen Resonator, einer Reflektivität der Frontfacette von $R_\mathrm{f} = 0{,}5$ % und einer Reflektivität des VBG von $R_\mathrm{f}^\mathrm{ext} = 2$ % verhält sich die Wellenlänge zunächst bei niedrigen Temperaturen wie die der freilaufenden

Laserdiode, bevor diese ab etwa 320 K auf die Bragg-Wellenlänge des Gitters gelockt wird. Der Verlauf der Netto-Verstärkung in Bild 4.30 (b), deren wellenlängenabhängiger Anteil in Gleichung (4.84) zur Bestimmung der Emissionswellenlänge genutzt wird, macht deutlich, dass bei niedrigen Temperaturen die Bragg-Wellenlänge des Gitters zu weit vom Maximum des Verstärkungsspektrums entfernt liegt, sodass dort noch keine spektrale Stabilisierung möglich ist. Bei den ebenfalls dargestellten höheren Temperaturen liegt das absolute Maximum der Netto-Verstärkung bei der Bragg-Wellenlänge des Gitters, sodass die Laserdiode spektral stabilisiert wird. Die geringe Abweichung des Maximalwerts der Netto-Verstärkung vom erwarteten Wert null ergibt sich durch die Abschätzung der Spiegelverluste in Gleichung (4.83).

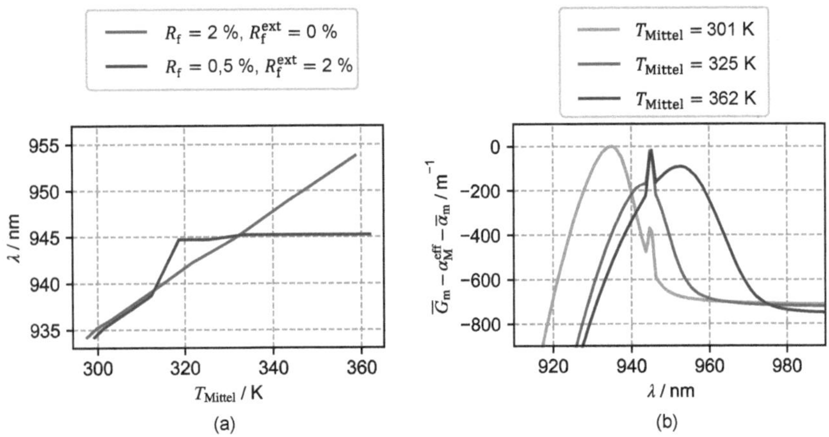

Bild 4.30: (a) Thermisch induzierte Verschiebung der Laserwellenlänge als Funktion der mittleren Temperatur im Quantenfilm mit und ohne externe Rückkopplung, (b) Spektrum der Netto-Verstärkung für den Fall aus (a) mit externer Rückkopplung bei drei verschiedenen mittleren Temperaturen; die mittleren Temperaturen entsprechen angelegten Spannungen von 1,45 V (I = 3,6 A), 1,7 V (I = 11,7 A) und 1,85 V (I = 16,8 A).

4.3.4 Validierung anhand einer Beispielstruktur

In diesem Abschnitt wird das in Abschnitt 4.3.1 beschriebene und in die Simulationssoftware SEMSIS integrierte elektro-optische Modell in der vertikal-longitudinalen Ebene anhand von Messdaten und Simulationsergebnissen aus der Literatur validiert. Dabei wird auf die in [126] verwendete Epistruktur zurückgegriffen, deren Simulation bereits in [125, 142, 143] diskutiert wurde und deren Zusammensetzung in Tabelle D.4 angegeben ist. Da die Messungen mit Pulsdauern von wenigen Nanosekunden durchgeführt wurden, kann eine Erwärmung des Chips vernachlässigt werden und es kann an dieser Stelle auf die in Abschnitt 4.3.3 dargestellte thermische Kopplung verzichtet werden. Dadurch wird jedoch ein Betrieb bei sehr hohen Strömen möglich, sodass extreme Betriebsbedingungen bezüglich der auftretenden Ladungsträger- und Stromdichten zu erwarten sind, ähnlich wie beim Prozess des thermischen Durchgehens, der in Kapitel 5 diskutiert wird.

In [143] und [125] wird für die Simulationen die kommerzielle Software PICS3D von Crosslight genutzt. Gegenüber dem in [143] als vollständig bezeichneten Modell werden beim Modell aus Abschnitt 4.3.1 die Zwei-Photonen-Absorption und die Verstärkungskompression vernachlässigt, deren Auswirkung auf die dort gezeigten Leistungskennlinien jedoch sehr gering ist. In diesem Abschnitt werden die in [143] angegebenen Materialparameter verwendet, die in Tabelle D.7 aufgelistet sind. Weiterhin werden die Parameter des Verstärkungsmodells so gewählt, dass die in [143] gezeigte Abhängigkeit der optischen Verstärkung von der Ladungsträgerdichte gut abgebildet wird, siehe Gleichung (A.16).

In Bild 4.31 wird die berechnete Leistungskennlinie den Simulationsergebnissen aus [143] und den Messergebnissen aus [126] gegenübergestellt. Im Bereich niedriger Ausgangsleistungen ist die mit dem Modell aus Abschnitt 4.3.1 berechnete Steigungseffizienz etwas geringer als bei den Simulationsergebnissen aus [143], während bei hohen Strömen die Leistung etwas stärker ansteigt. Diese geringe Abweichung lässt sich durch die oben angesprochenen vernachlässigten Effekte bzw. durch Abweichungen bei den in [143] nicht explizit angegebenen Materialparametern erklären. Die Streuung um die Messwerte ist allerdings in beiden Fällen sehr ähnlich, sodass insgesamt eine gute Übereinstimmung aller Ergebnisse festgehalten werden kann.

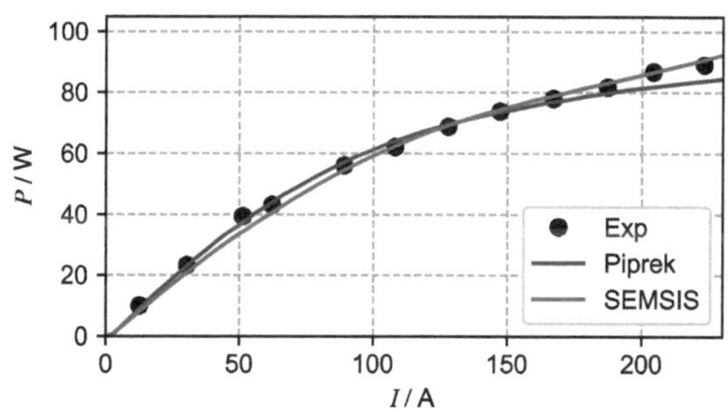

Bild 4.31: Vergleich der im Rahmen dieser Arbeit berechneten Leistungskennlinie (SEMSIS) für die Laserdiodenstruktur aus [126] mit der Berechnung aus [143] (Piprek) und den experimentellen Daten aus [126].

Auch bei einem Vergleich der mit den beiden Modellen berechneten vertikalen Profile der Ladungsträgerdichten an der Rück- bzw. Frontfacette für eine Stromstärke von 240 A treten nur sehr geringe Abweichungen auf, Bild 4.32 (a) und (b) bzw. (c) und (d). Insbesondere zeigt sich bei beiden Modellen eine erhöhte Elektronenkonzentration im p-dotierten Bereich der Struktur ($x > 2{,}4$ µm). Der zugrunde liegende Leckstrom entsteht als Folge der deutlich geringeren Beweglichkeit der Löcher und stellt eine der wesentlichen Ursachen für die in Bild 4.31 beobachtbare Sättigung der Ausgangsleistung dar. Die geringen Abweichungen der Ladungsträgerdichten in den Quantenfilmen können aus Unterschieden in den Verstärkungsmodellen oder durch die Kopplung der quantisierten Ladungsträger an das elektrische Transportmodell resultieren. Der in Bild 4.32 (a) und (b) dargestellte Verlauf der Bandlücke weist insbesondere im n-dotierten Bereich ($x < 2{,}2$ µm) etwas größere Abweichungen auf, die darauf schließen lassen, dass sich die verwendeten Modelle zur Berechnung der Bandlücken für AlGaAs unterscheiden. Der sichtbare Unterschied der Elektronendichten am einzigen abrupten Heteroübergang der Struktur bei 0,3 µm kann auf die in [143] explizit berücksichtigte thermionische Emission zurückgeführt werden, die im Rahmen dieser Arbeit über einen zusätzlichen Term im effektiven Potential in Gleichung (B.28) bzw. (B.30) abgebildet wird.

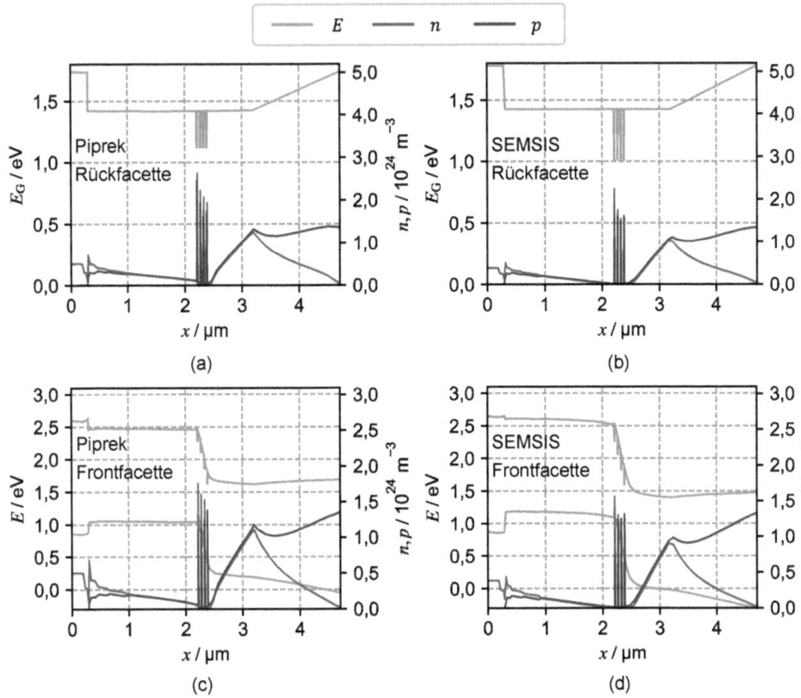

Bild 4.32: Vergleich der vertikalen Ladungsträgerprofile (I = 240 A) an der Rückfacette zusammen mit dem Verlauf der Bandlücke und an der Frontfacette zusammen mit dem Verlauf der Bandkanten für die Ergebnisse aus [143] bzw. [125] (Piprek) und die Ergebnisse dieser Arbeit (SEMSIS).

Zusammenfassend ergibt sich im Vergleich mit den vorliegenden Mess- und Simulationsdaten eine sehr gute Übereinstimmung auch unter extremen Betriebsbedingungen. Hierbei ist insbesondere die auch quantitativ gute Abbildung der Leckströme im Vergleich mit den Berechnungen aus [143] hervorzuheben, da diese in Kapitel 5 als ein wesentlicher Einflussfaktor beim thermischen Durchgehen identifiziert werden.

4.4 Zusammenfassung

In diesem Kapitel wurden die einzelnen Modellkomponenten für ein multiphysikalisches Modell einer Laserdiode vorgestellt und ein Algorithmus zur Kopplung dieser Modelle entwickelt. Damit wird die selbstkonsistente Beschreibung der elektrischen, der internen sowie externen optischen und der thermischen Eigenschaften einer Laserdiode in der vertikal-longitudinalen Ebene ermöglicht. Es wurden exemplarische Ergebnisse für das longitudinale räumliche Lochbrennen, die thermisch induzierte Umverteilung der Stromdichte, das thermische Überrollen, das Locking-Verhalten der Wellenlänge und für den Einfluss vertikaler Leckströme präsentiert. Das wellenoptische Modell des externen Resonators wurde anhand von Messungen erfolgreich validiert und die Berechnungsdauer mithilfe einer Parallelisierung auf der GPU erheblich verringert. Weiterhin zeigt der Vergleich des gekoppelten elektro-optischen Modells mit Ergebnissen aus der Literatur eine sehr gute Übereinstimmung.

5 Modellierung der katastrophalen optischen Degradation

Im folgenden Kapitel wird die katastrophale optische Degradation von Hochleistungslaserdioden untersucht. Die Untergliederung dieses Vorgangs in drei Phasen wurde bereits in Abschnitt 2.2.3 diskutiert. Der Schwerpunkt in diesem Kapitel liegt dabei auf der Modellierung des thermischen Durchgehens als zweiter Phase des COD. Diese ist von zentraler Bedeutung auch für die erste Phase, da deren Ende überhaupt erst durch das Einsetzen der positiven Rückkopplungsschleife in Phase zwei definiert wird. Eine Untersuchung der dritten Phase des COD wird im Rahmen dieser Arbeit nicht angestrebt, da der Ablauf der zweiten Phase bereits mit einer irreversiblen lokalen Beschädigung der Laserdiode einhergeht und sich zwangsläufig eine Ausbreitung dieses Schadens im weiteren Betrieb ergibt.

Die erste Phase des COD wird in diesem Kapitel mit drei verschiedenen Ansätzen berücksichtigt:

- eine zusätzlich eingebrachte, stark lokalisierte Wärmequelle, Abschnitt 5.2, die physikalisch bedingt ist durch die während der graduellen Degradation entstandenen oder bereits unmittelbar nach der Fabrikation vorhandenen Defekte im Halbleiter
- eine Erhöhung des Überhangs der Frontfacette des Chips über die Wärmesenke, Abschnitt 5.3
- externe optische Rückkopplung mit Dejustage der FAC-Linse entlang der Fast Axis, Abschnitt 5.4

Durch die genannten Punkte wird im Chip eine stark inhomogene Temperaturverteilung erzeugt, die ein thermisches Durchgehen zur Folge haben kann. Weitere denkbare Ansätze zur Modellierung der ersten Phase sind die Berücksichtigung einer Restabsorption der Facetten oder eine lokal verschlechterte thermische Anbindung zwischen Chip und Wärmesenke, z. B. durch Fehlstellen in der Lötverbindung. Ohne einen ausreichend starken Trigger als erste COD-Phase tritt bei großen Strömen lediglich der reversible Prozess des thermischen Überrollens auf. In diesem Fall erhöht sich die mittlere Temperatur der aktiven Zone so weit, dass es zunächst zu einer Verringerung der Steigungseffizienz und schließlich ebenfalls zu einer verschwindenden Ausgangsleistung kommt, sobald die optische Verstärkung nicht mehr ausreicht, um den Laserbetrieb zu gewährleisten, siehe Abschnitt 2.4.

Zunächst wird dabei in Abschnitt 5.1 das Kriterium zur Definition des thermischen Durchgehens im gewählten Modellansatz vorgestellt. In Abschnitt 5.2 wird das thermische Durchgehen einerseits mit dem Modell aus [31], das der in Abschnitt 2.2.3 vorgestellten Rückkopplungsschleife entspricht, und andererseits mithilfe des in Abschnitt 4.3 vorgestellten elektro-opto-thermischen Modells analysiert. Da bei ersterem Modell unabhängig von der Größe der zusätzlich eingebrachten

Wärmeleistung kein thermisches Durchgehen auftritt, muss die Rückkopplungsschleife um die thermisch induzierte Umverteilung der Stromdichte und zusätzlich auftretende Leckströme erweitert werden. Der Einfluss des Überhangs zwischen der Frontfacette des Chips und der Wärmesenke auf die katastrophale Degradation wird in Abschnitt 5.3 betrachtet und dient der Validierung des Modells anhand von Messdaten. Abschließend folgt in Abschnitt 5.4 eine Untersuchung der katastrophalen Degradation unter externer optischer Rückkopplung in Abhängigkeit der Dejustage, bevor in Abschnitt 5.5 die Kernergebnisse dieses Kapitels kurz zusammengefasst werden.

5.1 Definition des thermischen Durchgehens

In Abschnitt 4.3.3 wurde der Algorithmus zur Lösung des gekoppelten elektro-opto-thermischen Modells vorgestellt. Dabei wurde davon ausgegangen, dass nur eine schwache Kopplung zwischen den elektro-optischen und den thermischen Gleichungen vorliegt und somit eine entkoppelte Lösung in der Iterationsschleife von Bild 4.25 möglich ist. Beim thermischen Durchgehen ist diese Annahme aufgrund der starken Temperaturabhängigkeit der Wärmequellen nicht mehr erfüllt. Der genannte Algorithmus kann aber dennoch verwendet werden, wenn das thermische Durchgehen wie in [61, 85, 88] über die Nicht-Konvergenz der thermischen Iterationsschleife definiert wird. In einem solchen Arbeitspunkt wird lokal eine größere Wärmemenge erzeugt, als das System aus Laserdiode und Wärmesenke ableiten kann, sodass keine stabile, stationäre Temperaturverteilung existiert. Das Vorgehen kann anhand des Schaubilds in Bild 5.1 veranschaulicht werden.

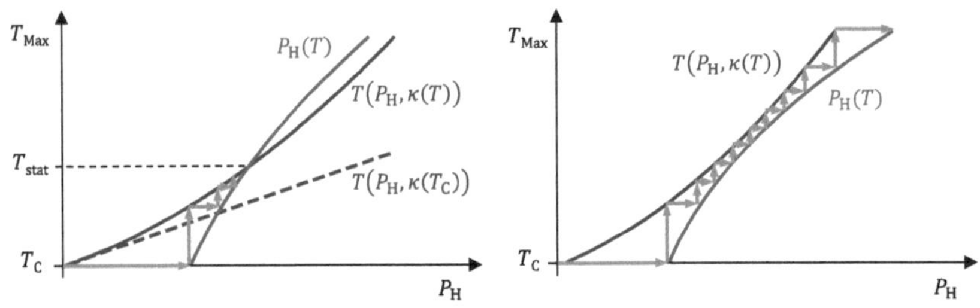

Bild 5.1: Thermisches Iterationsschema für den Fall einer stationären Temperatur T_{stat} (a) und eines thermischen Durchgehens (b). Die blauen Kurven stellen jeweils die erreichten Maximaltemperaturen T_{Max} als Funktion der eingebrachten Wärmeleistung P_{H} dar. Die roten Kurven geben die im elektro-optischen Modell erzeugten Wärmeleistungen P_{H} als Funktion der Temperatur an.

Für eine gegebene Wärmeleistung resultiert aus der Lösung der Wärmeleitungsgleichung eine bestimmte Maximaltemperatur, Bild 5.1 (a) blaue Kurve. Bei konstanter Wärmeleitfähigkeit ergibt sich eine lineare Zunahme der Maximaltemperatur mit der eingebrachten Wärmeleistung. Bei Berücksichtigung der Temperaturabhängigkeit der Wärmeleitfähigkeit, die für Halbleiter in der Regel mit zunehmender Temperatur abnimmt, siehe Anhang A.6, ergibt sich hingegen ein nichtlinearer Verlauf. Weiterhin wird im elektro-optischen Modell bei einem gegebenen Temperaturfeld eine bestimmte Wärmeleistung erzeugt, Bild 5.1 (a) rote Kurve. Der Schnittpunkt beider Kurven entspricht der selbstkonsistenten Lösung des gekoppelten Problems und kann mit dem Iterationsalgorithmus aus Bild 4.25 auf dem eingezeichneten Weg ermittelt werden. In Bild 5.1 (b) liegt eine stärkere Zunahme der elektro-optischen Wärmequellen mit ansteigender Temperatur vor, sodass keine selbstkonsistente Lösung mehr existiert. Dies entspricht dem Fall des thermischen Durchgehens und äußert sich im Iterationsalgorithmus in immer weiter steigenden Temperaturen, bis bei einer festgelegten Maximaltemperatur T_{Stop}, z. B. der Schmelztemperatur von GaAs bei 1513 K [45], das Bauelement als zerstört angesehen werden kann. Der Übergang von Bild 5.1 (a) zu Bild 5.1 (b) wird im Rahmen dieser Arbeit als erste Phase des COD interpretiert, bei der z. B. aufgrund einer erhöhten Defektdichte im Halbleiter die entstandene Wärmeleistung bei gegebener Temperatur zunimmt. Externe Rückkopplung mit Dejustage kann durch die stark lokalisierte Absorption der Strahlung beim Auftreffen auf die Frontfacette die rote Kurve in Bild 5.1 (a) so weit nach rechts verschieben, dass kein Schnittpunkt der beiden Kurven mehr existiert, und damit ebenfalls das thermische Durchgehen verursachen.

5.2 Modelle für das thermische Durchgehen

Teile dieses Abschnitts wurden unter der Verwendung leicht abgewandelter Modelle bereits in [144] bzw. in [145] veröffentlicht.

In diesem Abschnitt werden zwei verschiedene Modellansätze zur Beschreibung des thermischen Durchgehens verglichen. In beiden Fällen wird die erste Phase des COD über eine zusätzlich eingebrachte, stark lokalisierte Wärmequelle der Form

$$q_{\mathrm{add}} = q_0 \exp\left(-\left(\frac{x}{w_x}\right)^2 - \left(\frac{y}{w_y}\right)^{n_y} - \left(\frac{z - z_0}{w_z}\right)^2\right) \tag{5.1}$$

beschrieben, was einer Verschiebung der roten Kurve in Bild 5.1 nach rechts entspricht. Je nach gewähltem Modell werden dabei unterschiedliche Parameter in Gleichung (5.1) verwendet, Tabelle 5.1. Durch Variation des Parameters q_0 wird untersucht, ob die beiden Modelle das thermische Durchgehen einer Laserdiode für die gegebenen Materialparameter abbilden können. Die thermische Iteration wird abgebrochen, sobald eine Temperatur T_{Stop} von 1000 K erreicht wird. Die Ausgangsleistung wird in diesem Fall aufgrund der folgenden dritten Phase des COD, die in dieser Arbeit nicht modelliert wird, auf 0 W festgelegt.

Tabelle 5.1: Parameter der zusätzlich eingebrachten Wärmequelle in Gleichung (5.1).

	w_x	w_y	w_z	z_0	n_y
Abschnitt 5.2.1	1 µm	10 µm	100 µm	4,95 mm	2
Abschnitt 5.2.2	1 µm	130 µm	10 µm	4,95 mm	10

5.2.1 Modell innerhalb der Quantenfilm-Ebene

Das erste untersuchte Modell greift auf den in [31] entwickelten Fox-Li-Algorithmus zur Bestimmung der lateralen Abstrahlcharakteristik von Hochleistungslaserdioden zurück. Dabei wird die Ladungsträgerdichte innerhalb des Quantenfilms durch Lösen der lateralen Ladungsträgerdiffusionsgleichung unter der Annahme eines konstanten Stromdichteprofils mit einer longitudinalen Auflösung von 20 µm bestimmt. Die Propagation des optischen Feldes erfolgt mithilfe der Wide-Angle Beam Propagation Method (WA-BPM). Dremoteas zuletzt berechnete laterale Ladungsträgerprofil wird dabei genutzt, um die Verstärkung bzw. Absorption sowie die Ladungsträger-induzierte Änderung des Brechungsindex zu bestimmen. Nach jeweils 50 Resonator-Umläufen wird basierend auf dem Mittel der berechneten Wärmequellen eine neue Temperaturverteilung mithilfe eines dreidimensionalen thermischen Modells berechnet und die temperaturabhängigen Materialparameter werden entsprechend angepasst. Da bei diesem Modell der vertikale elektrische Transport vernachlässigt wird, müssen die joulesche Wärme, die nichtstrahlende Rekombination außerhalb des Quantenfilms sowie der Koeffizient der Free-Carrier-Absorption im Wellenleiter als konstante Eingangsgrößen vorgegeben werden. Nach 500 Resonator-Umläufen, d. h. zehn thermischen Iterationsschritten, wird die Simulation beendet. In einem normalen Betriebsmodus ohne COD sind die Mittelwerte der Nahfeldbreite und des Fernfeld-Divergenzwinkels nach dieser Anzahl an Umläufen konvergiert und erlauben so einen Rückschluss auf das laterale Emissionsverhalten der Laserdiode.

In dieser Arbeit wird eine Simulation der Laserdiodenstruktur D2 aus Tabelle D.1 mit den Parametern aus Tabelle D.6 durchgeführt und es wird zusätzlich eine Wärmequelle der Form (5.1) mit den Parametern aus Tabelle 5.1 eingebracht. Die longitudinale Position der Wärmequelle stimmt dabei mit dem Ende des p-Kontakts an der Frontfacette überein, da in [146] anhand von CL-Aufnahmen festgestellt wurde, dass dieser Ort häufig der Ausgangspunkt des COD für die vorliegende Laserdiodenstruktur ist. Als temperaturabhängige Parameter werden die optische Verstärkung, die Rekombinationskoeffzienten, der Koeffizient der Free-Carrier-Absorption im Quantenfilm sowie die Wärmeleitfähigkeit berücksichtigt und mithilfe der in Anhang A aufgeführten Modelle berechnet. Die bestimmte Maximaltemperatur bei einem Betriebsstrom von 20 A als Funktion des thermischen Iterationsschrittes für verschiedene zusätzlich eingebrachte Wärmeleistungen P_{add} in Bild 5.2 zeigt, dass mit diesem Modell bei Verwendung der angegebenen Materialparameter kein thermisches Durchgehen auftritt. Bereits nach wenigen Iterationen wird unabhängig von der Wahl der Wärmeleistung eine konstante Maximaltemperatur erreicht. Eine positive Rückkopplungsschleife, die zu einer immer weiteren Erhöhung der Temperatur führt, kann nicht beobachtet werden, obwohl die auftretenden Maximaltemperaturen bereits deutlich oberhalb der zu erwartenden kritischen Temperatur von 390 K bis 430 K liegen [53].

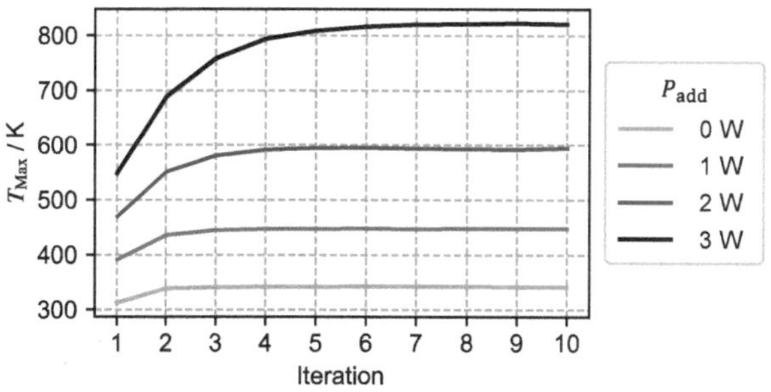

Bild 5.2: Maximaltemperaturen des Modells innerhalb der Quantenfilm-Ebene während der jeweiligen thermischen Iterationsschritte für verschiedene zusätzlich eingebrachte Wärmeleistungen P_{add} und $I = 20$ A.

Detaillierte Ergebnisse der Simulation für eine zusätzlich eingebrachte Wärmeleistung P_{add} von 3 W sind in Bild 5.3 dargestellt. Eine Überhöhung der Ladungsträgerdichte an der Position der zusätzlichen Wärmequelle ist deutlich sichtbar und entspricht den Erwartungen gemäß der in Abschnitt 2.2.3 diskutierten Rückkopplungsschleife. Die Intensitätsverteilung weist an dieser Position ebenfalls ein Maximum auf, das sich von der übrigen Filamentierung abhebt und auf die thermische Linsenwirkung der eingebrachten Wärmequelle zurückzuführen ist.

Eine Analyse der entstehenden Wärmequellen erfolgt in Bild 5.4. Im ersten Iterationsschritt geht nur die als konstant angenommene Hintergrundwärmequelle zur Beschreibung der jouleschen Wärme und der nichtstrahlenden Rekombination im Wellenleiter in die Simulation ein, da die dargestellten Wärmequellen erst berechnet werden müssen. Zwischen den Iterationsschritten zwei und drei kann eine deutliche Zunahme der nichtstrahlenden Rekombination sowie eine leichte Zunahme der Free-Carrier-Absorption beobachtet werden. Diese Zunahme ist umso ausgeprägter, je größer die zusätzliche Wärmequelle P_{add} ist. Die nur geringe Zunahme der Free-Carrier-Absorption trotz stark zunehmender Ladungsträgerdichten kann auf eine Abnahme der Ausgangsleistung zurückgeführt werden. Ab dem fünften Iterationsschritt bleiben schließlich alle Wärmeleistungen nahezu konstant. Die leichten Oszillationen ergeben sich als Folge der Filamentierung der Ladungsträger- und Intensitätsverteilung, die eine Veränderung der Wärmequellen in jedem Umlauf bewirkt.

Obwohl dieses Modell mit der Verschiebung des Verstärkungsspektrums als Funktion der Temperatur, der daraus resultierenden Zunahme der Ladungsträgerdichte und der nichtstrahlenden Rekombination alle in [53] genannten Beiträge der intrinsischen Rückkopplungsschleife enthält, kann der Vorgang des thermischen Durchgehens nicht abgebildet werden. Aus diesem Resultat kann geschlossen werden, dass das häufig verwendete Modell zur Beschreibung des COD unvollständig ist und weitere Effekte berücksichtigt werden müssen.

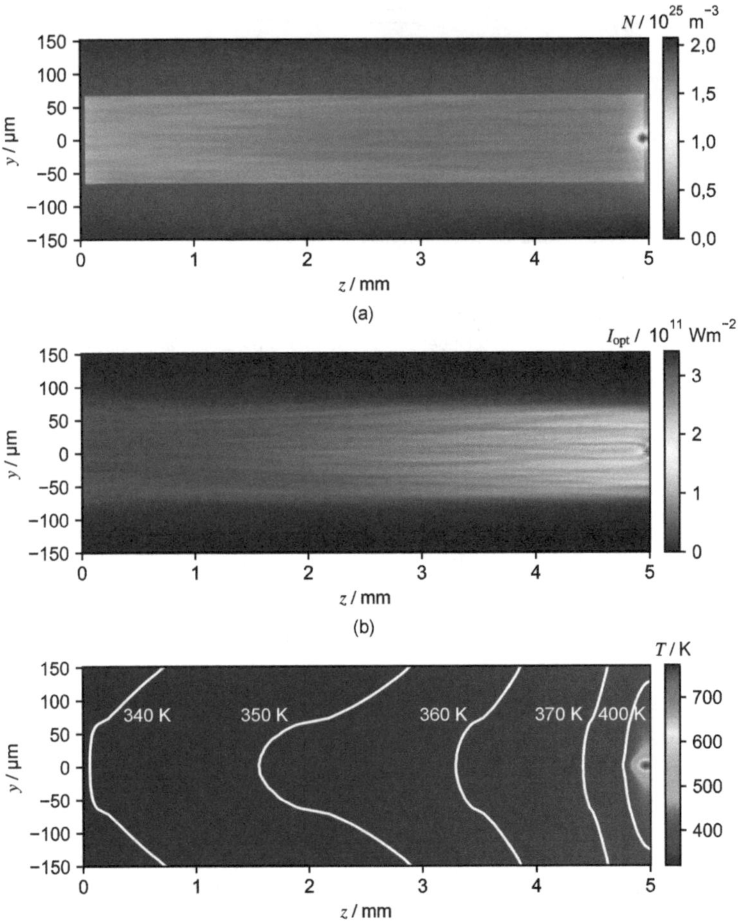

Bild 5.3: Ergebnisse des Modells innerhalb der Quantenfilm-Ebene mit einer an der Frontfacette zusätzlich eingebrachten Wärmeleistung P_{add} von 3 W und $I = 20$ A: Mittelwert der Ladungsträgerdichte (a), der optischen Intensität (b) und der Temperatur (c) über die letzten 100 Resonator-Umläufe.

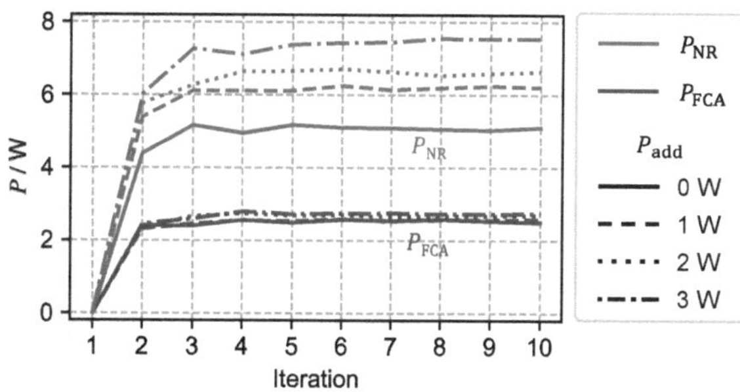

Bild 5.4: Wärmeleistungen der nichtstrahlenden Rekombination (NR) und der Free-Carrier-Absorption (FCA) als Funktion des thermischen Iterationsschritts für verschiedene zusätzlich eingebrachte Wärmeleistungen P_{add}.

5.2.2 Modell in der vertikal-longitudinalen Ebene

Das im vorherigen Abschnitt dargestellte Modell basiert auf der Annahme einer sowohl in lateraler als auch in longitudinaler Richtung konstanten Stromdichte. Wie bereits in Abschnitt 4.3.3 gezeigt wurde, führt jedoch ein Temperaturgradient in longitudinaler Richtung zu einer inhomogenen Stromdichteverteilung, da die Leitfähigkeit des Halbleiters mit steigender Temperatur zunimmt. Um diesen Effekt berücksichtigen zu können, wird in diesem Abschnitt das in Abschnitt 4.3 vorgestellte elektro-opto-thermische Modell in der vertikal-longitudinalen Ebene der Laserdiode verwendet, um das thermische Durchgehen zu beschreiben. Auch hier wird die erste Phase des COD über eine zusätzlich hinzugefügte Wärmequelle der Form (5.1) mit den Parametern aus Tabelle 5.1 abgebildet. Da im elektro-optischen Teil des Modells die laterale Dimension nicht betrachtet wird, wird die eingebrachte Wärmequelle in dieser Richtung als nahezu homogen modelliert. Damit die gesamte Ausdehnung der Wärmequelle vergleichbar zu Abschnitt 5.2.1 bleibt, wird die Breite der Verteilung in longitudinaler Richtung entsprechend verringert. Es wird wie zuvor die Laserdiodenstruktur D2 aus Tabelle D.1 betrachtet. Die weiteren Simulationsparameter sind in Tabelle D.5 zusammengefasst.

Für dieses Modell weist der Verlauf der Maximaltemperatur bei einer angelegten Spannung von 1,7 V (I = 19,3 A) in Abhängigkeit des Iterationsschritts in Bild 5.5 ab einem bestimmten kritischen Wert für die zusätzlich eingebrachte Wärmeleistung P_{add} ein qualitativ anderes Verhalten auf als in Abschnitt 5.2.1. Während für die beiden kleineren Leistungen die Iteration auch hier schnell konvergiert, liegt ab 0,938 W eine stetige Temperaturzunahme vor, die in den letzten Iterationsschritten explosionsartig fortschreitet. Hierbei handelt es sich um den zuvor beschriebenen Effekt des thermischen Durchgehens, bei dem keine stabile stationäre Temperaturverteilung mehr vorliegt und ein kleines Volumen des Halbleiters innerhalb von wenigen Nanosekunden bis zur Schmelztemperatur aufgeheizt wird. Dass dieser Effekt hier trotz deutlich geringerer Werte für die Wärmeleistung P_{add} im Vergleich zum Modell aus Abschnitt 5.2.1 auftritt, lässt darauf schließen, dass erst die Berücksichtigung des vertikalen Ladungsträgertransports das Modell des thermischen Durchgehens vervollständigt.

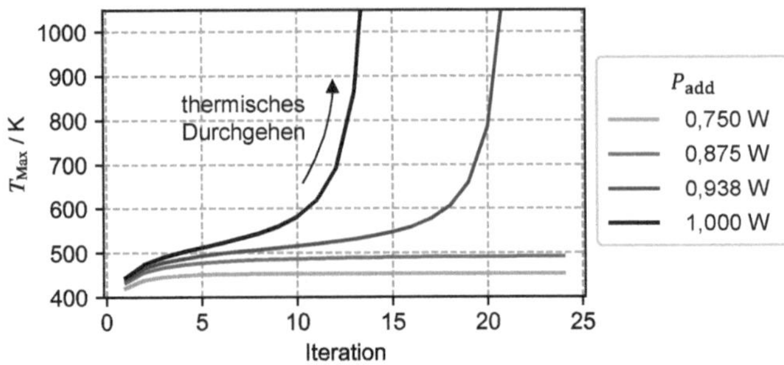

Bild 5.5: Maximaltemperaturen des Modells in der vertikal-longitudinalen Ebene während der einzelnen thermischen Iterationsschritte für verschiedene zusätzlich eingebrachte Wärmeleistungen P_{add} und $U =$ 1,7 V ($I =$ 19,3 A).

Die Elektronen- und Löcherdichte in der aktiven Zone steigen für $P_{\mathrm{add}} =$ 1 W im Verlauf der Iteration an der Position der zusätzlichen Wärmequelle stark an, bis im letzten Iterationsschritt der Maximalwert fast das Zehnfache der ersten Iteration erreicht, Bild 5.6 (a) und (b). Die Photonenflussdichte an der Frontfacette sinkt im letzten Iterationsschritt auf weniger als die Hälfte des ursprünglichen Wertes, Bild 5.6 (c). Weiterhin kann im letzten Iterationsschritt im gesamten gezeigten Bereich entlang der longitudinalen Achse keine stimulierte Rekombination mehr erreicht werden. Trotz der großen Ladungsträgerdichten bleibt die optische Verstärkung negativ. Im elektrisch ungepumpten Bereich liegt bereits ab dem elften Iterationsschritt eine deutliche Absorption vor. Abgesehen vom Temperaturmaximum an der Position der Wärmequelle, entsteht im letzten Iterationsschritt eine weitere Zunahme der Temperatur unmittelbar an der Frontfacette als Folge der Oberflächenrekombination, Bild 5.6 (d).

Die Profile der vertikalen Komponente der Stromdichte für Elektronen und Löcher sind in Bild 5.7 an drei verschiedenen vertikalen Positionen gezeigt. Dabei wird zur einfacheren Betrachtung die Teilchenstromdichte j_x^{T} so definiert, dass unabhängig vom Vorzeichen der Ladung die Flussrichtung der Ladungsträger direkt abgelesen werden kann:

$$j_{x,n}^{\mathrm{T}} = -j_{x,n}/q \,, \tag{5.2}$$

$$j_{x,p}^{\mathrm{T}} = j_{x,p}/q \,. \tag{5.3}$$

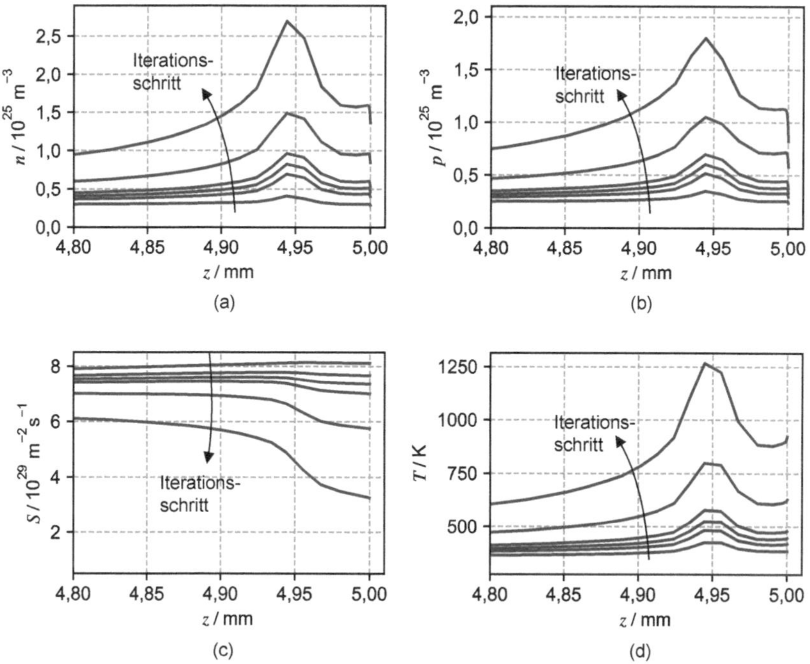

Bild 5.6: Elektronendichte (a), Löcherdichte (b), Photonenflussdichte (c) und Temperatur (d) innerhalb des Quantenfilms für die thermischen Iterationsschritte 1, 5, 9, 11, 13 und 14 mit $P_{\mathrm{add}} = 1$ W, $U = 1{,}7$ V ($I = 19{,}3$ A). Die Pfeile geben die Richtung zunehmender Iterationsschritte an.

Im Quantenfilm ergibt sich eine Vorzeichenumkehr der Teilchenstromdichte der Elektronen während der Iterationsschritte, Bild 5.7 (a). Dies ist darauf zurückzuführen, dass diese aufgrund der stark zunehmenden Elektronendichte im Quantenfilm über einen diffusionsdominierten Strom den Quantenfilm wieder in Richtung des n-Wellenleiters verlassen. Ein Abfließen der Elektronen in Richtung des p-Wellenleiters wird aufgrund der dort vorhandenen Potentialbarrieren erschwert, sodass der Elektronenfluss zum n-Halbleiter hin überwiegt. Die Teilchenstromdichte der Löcher weist keinen Vorzeichenwechsel auf, jedoch verringert sich hier der Betrag der Stromdichte, was ebenfalls auf einen Diffusionsstrom hindeutet, der dem Driftstrom entgegenwirkt und in diesem Fall überwiegend zum p-Wellenleiter gerichtet ist. Dass die Diffusionsströme in Durchlass-Richtung nicht verschwinden, zeigt sich bei einer Betrachtung der Leckströme innerhalb des Wellenleiters. Im n-Wellenleiter kann eine deutliche Zunahme der Löcher-Stromdichte beobachtet werden, Bild 5.7 (b). Gleiches gilt für die Elektronen-Stromdichte im p-Wellenleiter der Halbleiterstruktur, Bild 5.7 (c), wobei hier die Stromdichte im Vergleich zur Stromdichte der Majoritätsladungsträger deutlich geringer ist. Während des thermischen Durchgehens ergeben sich also sowohl für Elektronen als auch für Löcher erhebliche Leckströme, die im normalen Betrieb nicht auftreten.

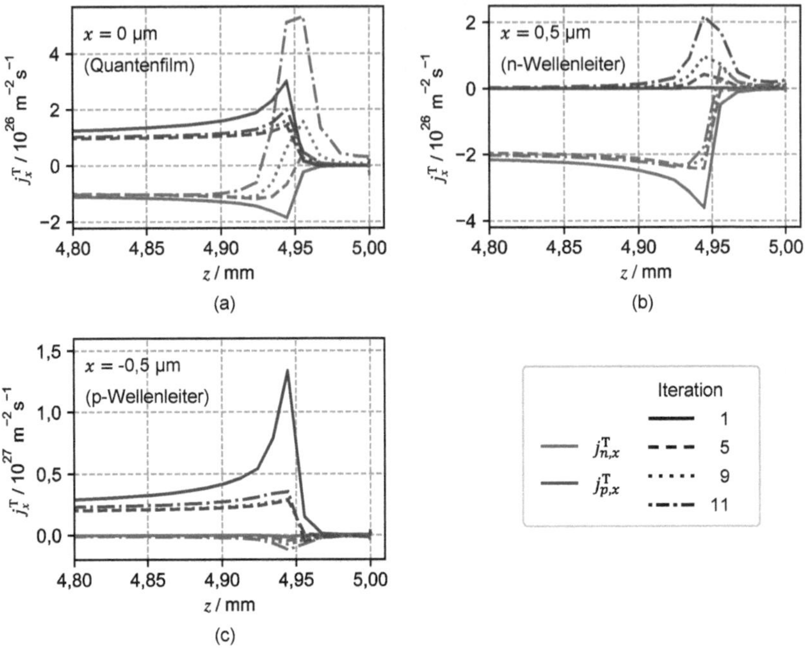

Bild 5.7: Vertikale Komponente der Teilchenstromdichte an drei verschiedenen vertikalen Positionen für die thermischen Iterationsschritte 1, 5, 9 und 11 sowie für P_{add} = 1 W, U = 1,7 V (I = 19,3 A).

Diese Beobachtung bestätigt sich auch bei einer Betrachtung der Anteile einzelner Wärmequellen zur gesamten Wärmeleistung im Verlauf des thermischen Durchgehens in Bild 5.8. Während der Anteil der Wärmequellen im Quantenfilm (Quantum Well, QW) vom ersten zum zwölften thermischen Iterationsschritt trotz zunehmender Ladungsträgerdichte in der aktiven Zone deutlich abnimmt, wird der Anteil der nichtstrahlenden Rekombination außerhalb des Quantenfilms (NR Bulk) mehr als vervierfacht. Dies entspricht genau den zuvor beobachteten vertikalen Leckströmen, bei denen die Ladungsträger nicht innerhalb der aktiven Zone rekombinieren, sondern aus dem Quantenfilm herausfließen und anschließend als Minoritätsladungsträger nichtstrahlend rekombinieren. Die deutliche Zunahme des Anteils der Free-Carrier-Absorption außerhalb des Quantenfilms (FCA Bulk) kann ebenfalls auf diese Leckströme zurückgeführt werden. Weiterhin zeigt sich, dass trotz der zusätzlich auftretenden Leckströme der Anteil der jouleschen Wärme erheblich abnimmt. Da diese vertikalen Effekte im Rahmen des in Abschnitt 5.2.1 diskutierten Modells nicht berücksichtigt werden können, wird auch unmittelbar klar, warum in diesem Fall das thermische Durchgehen nicht herbeigeführt werden kann.

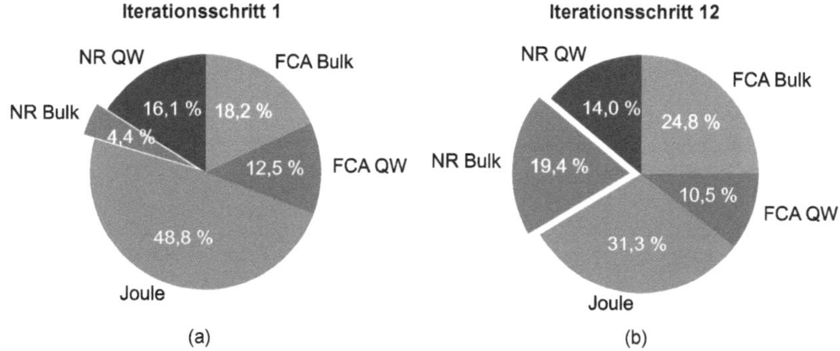

Bild 5.8: Anteil der einzelnen Wärmequellen zur gesamten Wärmeleistung im Verlauf der thermischen Iteration für $P_{\mathrm{add}} = 1$ W, $U = 1{,}7$ V ($I = 19{,}3$ A).

In den bisher gezeigten Simulationen wurde die zusätzlich eingebrachte Wärmequelle in longitudinaler Richtung stets am vorderen Ende des p-Kontakts platziert, da experimentelle Studien diese Position als wahrscheinlichen Startpunkt eines COD nahelegen [146]. Um diese These zu überprüfen, wird im Folgenden die kritische Wärmeleistung P_{krit}, ab der das thermische Durchgehen auftritt, für verschiedene longitudinale Positionen z_0 der Wärmequelle bestimmt. P_{krit} wird dabei definiert als kleinste Leistung, bei der ein thermisches Durchgehen mit den Simulationsparametern aus Tabelle D.5 beobachtet werden kann. Diese Leistung wird durch ein Intervallhalbierungsverfahren bis zu einer Genauigkeit von 50 mW bestimmt. Die kritische Temperatur T_{krit}, deren Erreichen als Startpunkt der zweiten COD-Phase gesehen werden kann, siehe Abschnitt 2.2.3, ist hingegen als maximale Temperatur innerhalb der Simulationsdomäne für den Fall der maximal möglichen Wärmeleistung definiert, bei der noch kein thermisches Durchgehen auftritt. Die kritische Wärmeleistung in Bild 5.9 fällt im Bereich zwischen 4 mm und der Position der Frontfacette bei 5 mm rapide ab und verdeutlicht damit, dass der Bereich in der Nähe Frontfacette den schwächsten Punkt innerhalb der Laserdiode darstellt. Dies lässt sich einerseits durch die schlechtere thermische Anbindung infolge des Überhangs zwischen Wärmesenke und Chip erklären, andererseits aber auch durch die dort maximale optische Intensität. Die kritische Leistung steigt zur Rückfacette hin weiter an, fällt unmittelbar an der Facette jedoch wieder ab. Dies zeigt, dass dort der Beginn eines COD wahrscheinlicher ist als beispielsweise bei 1 mm, und ist auf die Oberflächenrekombination an der Rückfacette des Halbleiters zurückzuführen, die dort eine zusätzliche Wärmequelle hervorruft. Obwohl also die Frontfacette den wahrscheinlichsten Startpunkt für einen COD darstellt, sind andere Positionen bei einer entsprechenden Vorschädigung des Halbleiters oder einer lokal schlechteren thermischen Anbindung durch Fehlstellen in der Lötung ebenfalls möglich.

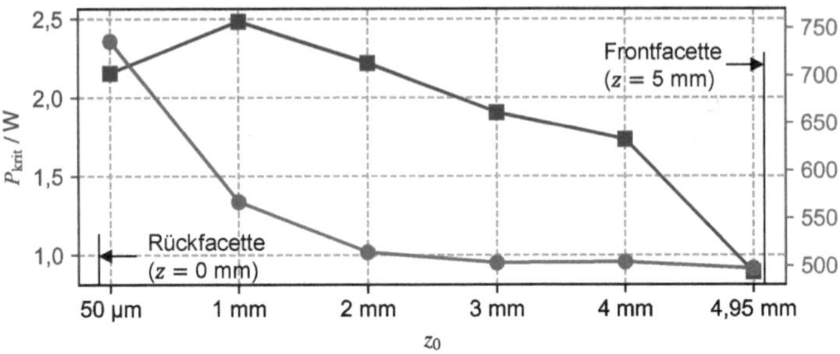

Bild 5.9: Kritische Wärmeleistung P_{krit} und kritische Temperatur T_{krit} in Abhängigkeit der longitudinalen Position der zusätzlich eingebrachten Wärmequelle bei U = 1,7 V (I = 19,3 A).

Die kritische Temperatur liegt im gesamten Bereich zwischen 2 mm und der Frontfacette nahezu konstant bei 500 K und damit etwas oberhalb der experimentell bestimmten Werte zwischen 390 K und 430 K [53]. Allerdings muss dabei beachtet werden, dass bei den zugrunde liegenden Verfahren zur Temperaturmessung durch die Ausdehnung des Laserstrahls von etwa 1 µm ein Mittelwert der Temperatur von Wellenleiter- und Mantelschichten bestimmt wird [147]. Die Temperatur im Quantenfilm könnte somit deutlich größer sein. In der Nähe der Rückfacette steigt die kritische Temperatur schließlich signifikant an. Diese ist somit keine Konstante, deren Erreichen stets das thermische Durchgehen zur Folge hat, sondern hängt von der longitudinalen Position des COD-Startpunkts ab, der durch eine initiale Beschädigung des Halbleiters gegeben sein kann.

Weiterhin hängt die kritische Temperatur T_{krit} auch vom Betriebsstrom der Laserdiode ab, Bild 5.10. Diese nimmt, wie auch die kritische Wärmeleistung P_{krit}, mit zunehmender Stromstärke ab, was sich sowohl mit der höheren optischen Leistung als auch mit einem früheren Einsetzen der Leckströme begründen lässt.

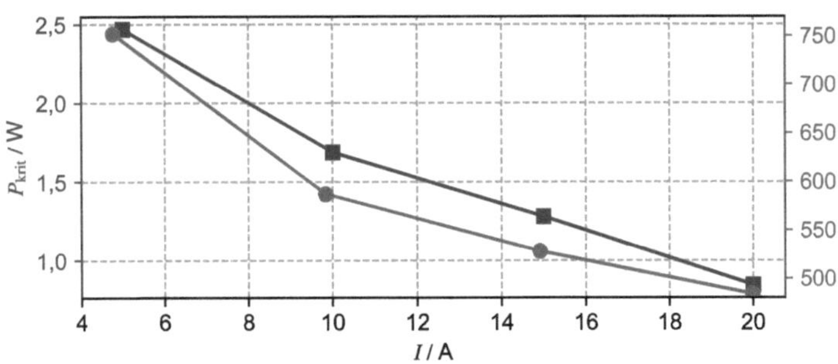

Bild 5.10: Kritische Wärmeleistung P_{krit} und kritische Temperatur T_{krit} bei verschiedenen Betriebsströmen und z_0 = 4,95 mm.

Abschließend wird der Einfluss der Temperaturabhängigkeit der betrachteten Materialparameter auf die kritische Wärmeleistung und die kritische Temperatur untersucht, um festzustellen, welche dieser Abhängigkeiten die treibende Kraft beim thermischen Durchgehen darstellt. Die Parameter werden dabei in fünf Gruppen unterteilt, die in Tabelle 5.2 aufgeführt sind. Die der entsprechenden Gruppe zugeordneten Materialparameter werden in der jeweiligen Simulation als temperaturunabhängig angenommen.

Tabelle 5.2: Einteilung der Materialparameter in fünf verschiedene Gruppen.

Gruppe	Materialparameter
FCA (Free-Carrier-Absorption)	$\sigma_{\mathrm{FCA},n}, \sigma_{\mathrm{FCA},p}$
WLF (Wärmeleitfähigkeit)	κ
REK (Rekombinationsparameter)	$\tau_n, \tau_p, C_{\mathrm{Sp}}, C_n, C_p$
ELEK (elektrische Parameter)	$N_{\mathrm{C}}, N_{\mathrm{V}}, \mu_n, \mu_p$
GAIN (Verstärkung, Bandlücke)	E_{G}, G

Die Ergebnisse werden mit dem zuvor analysierten Fall unter Berücksichtigung aller Temperaturabhängigkeiten verglichen, Bild 5.11. Die Temperaturabhängigkeit der Rekombinationsparameter REK und der elektrischen Parameter ELEK hat nur einen geringen Einfluss auf P_{krit} und T_{krit}. Bei den elektrischen Parametern folgt aus der Vernachlässigung der Temperaturabhängigkeit, dass der COD sogar leichter herbeigeführt werden kann. Dies ist auf eine deutliche Zunahme der Stromstärke im Verlauf der Iterationen zurückzuführen, die zuvor durch die Abnahme der Mobilität mit zunehmender Temperatur, siehe Anhang A.3, kompensiert wurde. Die Temperaturabhängigkeit der Free-Carrier-Absorption und der Wärmeleitfähigkeit beeinflusst die kritische Wärmeleistung deutlich und trägt damit entscheidend zum thermischen Durchgehen bei. Da die Wärmeleitfähigkeit keinen Einfluss auf die sich während des COD verstärkenden Wärmequellen hat, bleibt die kritische Temperatur in diesem Fall nahezu unverändert. Den stärksten Einfluss als Trigger des thermischen Durchgehens weist die Temperaturabhängigkeit der Bandlücke und damit der optischen Verstärkung auf. Ohne Berücksichtigung dieses Effekts lässt sich in der Simulation kein COD herbeiführen.

Zusammenfassend konnte in diesem Abschnitt die erste Forschungsfrage aus Kapitel 3 beantwortet werden. Der Vergleich der beiden untersuchten Modelle zeigt, dass der vertikale Ladungsträgertransport in einem selbstkonsistenten Modell der katastrophalen optischen Degradation von Laserdioden berücksichtigt werden muss, da die auftretenden Leckströme einen entscheidenden Beitrag zum thermischen Durchgehen liefern. Die in der Literatur häufig erwähnte kritische Temperatur stellt keine Material- oder Bauelement-spezifische Konstante dar, sondern hängt stark vom Arbeitspunkt und dem Startpunkt des betrachteten COD ab. Treibende Faktoren für das thermische Durchgehen sind bei den verwendeten Materialmodellen die Temperaturabhängigkeiten der Wärmeleitfähigkeit, der Free-Carrier-Absorption und vor allem der optischen Verstärkung.

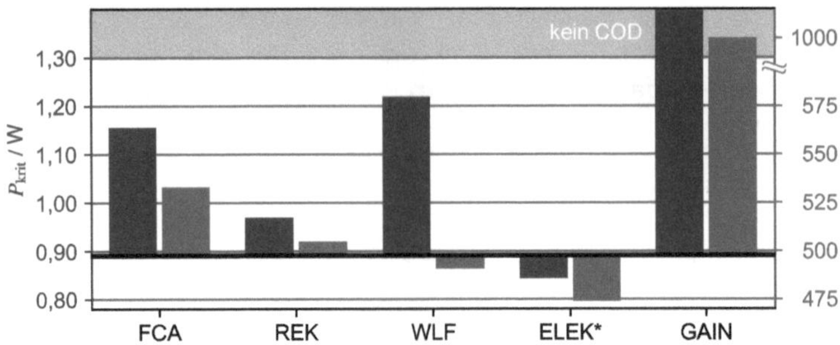

Bild 5.11: Einfluss der Temperaturabhängigkeiten einzelner Gruppen von Materialparametern nach Tabelle 5.2 auf P_{krit} und T_{krit} bei U = 1,7 V und z_0 = 4,95 mm. Die schwarze Linie repräsentiert P_{krit} und T_{krit} für den zuvor betrachteten Fall, bei dem alle Temperaturabhängigkeiten berücksichtigt werden. * für den Parametersatz ELEK wird die Spannung auf 1,65 V verringert, um wie bei den übrigen Simulationen einen Strom von 19,3 A einzustellen.

5.3 Katastrophale Degradation durch Facetten-Überhang und experimentelle Validierung des Modells

Auszüge dieses Abschnitts wurden bereits in [145] veröffentlicht.

Nachdem im vorangegangenen Abschnitt mit dem elektro-opto-thermischen Modell in der vertikal-longitudinalen Ebene ein Modell vorgestellt wurde, das den Vorgang des thermischen Durchgehens prinzipiell abbilden kann, erfolgt hier nun eine experimentelle Validierung dieses COD-Modells. Zunächst soll aber kurz auf die wesentlichen drei Näherungen eingegangen werden, die bei diesem Modell gemacht werden:

1. Durch die Vernachlässigung der lateralen Dimension ist zu erwarten, dass mit dem Modell berechnete COD-Schwellen die experimentellen Werte deutlich übersteigen, da der gesamte laterale Bereich unterhalb des Injektionsstreifens entsprechend aufgeheizt werden muss. Kathodolumineszenz-Aufnahmen zerstörter Laserdioden deuten jedoch auf einen lateral stark begrenzten Ausgangspunkt des COD hin, der häufig mit der Position eines Filaments der Intensitätsverteilung übereinstimmt [57, 58].
2. Wegen der stationären Betrachtung des Problems wird die Dynamik der ablaufenden Prozesse nicht berücksichtigt. Da auf kurzen Zeitskalen insbesondere die Wärmeleitung nur einen geringen Temperaturausgleich bewirken kann, werden im vorliegenden Modell die auftretenden Maximaltemperaturen tendenziell unterschätzt, was ebenfalls zu einer Überschätzung der COD-Schwellen beiträgt.
3. Die Vernachlässigung der Defekte innerhalb des Halbleiters verhindert eine Abbildung der extrinsischen Rückkopplungsschleife, Bild 2.4. Dabei ist bisher allerdings unklar, ob diese Effekte aufgrund ihrer erwartet geringen Dynamik überhaupt einen qualitativen Einfluss auf die Rückkopplungsschleife haben

oder ob sie lediglich eine quantitative Verschiebung der COD-Schwelle infolge gradueller Degradation bewirken.

Während sich die zusätzlich eingebrachten Wärmequellen als Modell der ersten COD-Phase zwar sehr gut eignen, um die Empfindlichkeit verschiedener longitudinaler Bereiche der Laserdiode und den Einfluss der einzelnen Effekte zu untersuchen, ist es jedoch schwierig, diese experimentell gezielt einzubringen. Eine Alternative stellt eine lokale Reduktion der Wärmeableitung dar, die ebenfalls eine starke Temperaturinhomogenität hervorrufen und damit als Trigger des COD dienen kann. In Bild 5.1 äußert sich dieser Fall in einer Verschiebung der blauen Kurve zu höheren Temperaturen. Die lokale Reduktion der Wärmeableitung wird in diesem Abschnitt durch eine Erhöhung des Überhangs zwischen der Frontfacette des Halbleiterchips und der Wärmesenke gezielt herbeigeführt, Bild 5.12 (a). Der Überhang liegt normalerweise bei etwa 10 µm und verhindert während der Montage des Chips auf der Wärmesenke eine Benetzung der Frontfacette mit Lot [53]. Wie im Folgenden gezeigt wird, kann durch Erhöhung dieses Wertes ein COD verursacht werden. Dabei werden erneut Laserdioden der Struktur D2 untersucht, deren Parameter in Tabelle D.1 zusammengefasst sind. Bei den experimentellen Ergebnissen wird ein Überhang d_{ov} von 25 µm, 50 µm und 100 µm betrachtet[2]. Für jeden Überhang werden dabei jeweils zwei gleiche Bauelemente (Diode A und B) analysiert.

Der Vergleich der experimentellen Ergebnisse mit denen der Simulation ist in Bild 5.12 (b) - (g) dargestellt. Die Streuung zwischen den Bauelementen A und B ist in allen Fällen sehr gering. Die Leistungskennlinien für einen Überhang von 25 µm bzw. 50 µm weisen bis zu einem Strom von 22 A lediglich thermisches Überrollen auf, das in der Simulation sehr gut abgebildet wird. Bei einem Überhang von 100 µm tritt allerdings sowohl im Experiment als auch in der Simulation ein abrupter Ausfall der Laserdioden zwischen 19 A und 20 A auf. Hierbei handelt es sich nicht um thermisches Überrollen, sondern um das Einsetzen des COD, der in Bild 5.12 (f) mit einem x gekennzeichnet wird und im Experiment anhand einer irreversiblen Schädigung der Laserdiode identifiziert werden kann. Auch der Vergleich der experimentell bestimmten mittleren Temperaturen in der aktiven Zone mit den berechneten Werten zeigt eine gute Übereinstimmung, Bild 5.12 (c),(e),(g). Es ergibt sich lediglich eine kleine Abweichung bei hohen Strömen für einen Facettenüberhang von 50 µm. Bei Betrachtung der berechneten Maximaltemperaturen bei einem Überhang von 100 µm wird anhand des abrupten Anstiegs bei etwa 19 A deutlich, dass auch in der Simulation ein COD vorliegt.

[2] Die Messungen in diesem Abschnitt wurden von Dr. Carlo Holly, TRUMPF Photonics Inc., bereitgestellt.

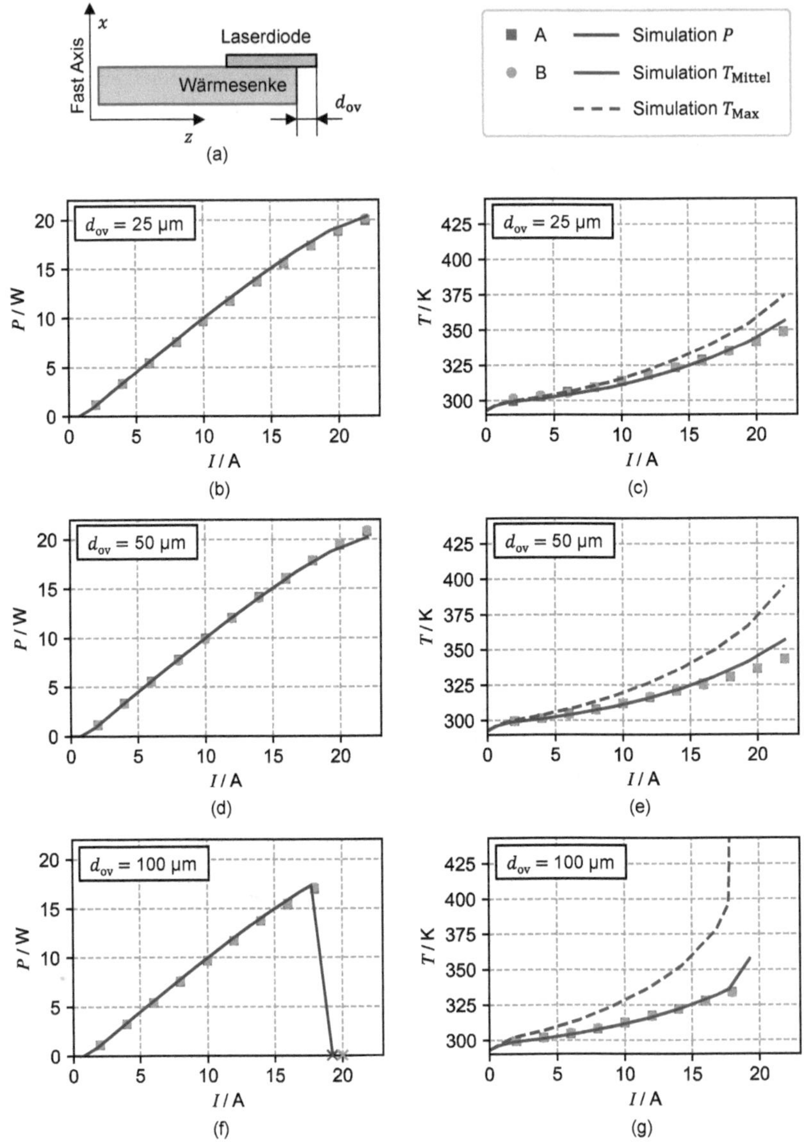

Bild 5.12: Aufbau zur Modellvalidierung mit Facettenüberhang (a), Vergleich der experimentellen (Diode A und B) und der berechneten Leistungskennlinien (b), (d), (f), experimentell bestimmte und berechnete mittlere Temperaturen der aktiven Zone sowie berechnete Maximaltemperaturen (c), (e), (g) jeweils für unterschiedlichen Facettenüberhang. Das x kennzeichnet das Auftreten des COD.

Die Ergebnisse der thermischen Iterationsschritte werden für einen Überhang von 100 µm in Bild 5.13 analysiert. Im Vergleich zur Iteration in Bild 5.6 erstecken sich nun sowohl die Anstiege der Ladungsträgerdichten in der aktiven Zone als auch der Temperaturanstieg über ein deutlich vergrößertes longitudinales Intervall, das mit dem Bereich übereinstimmt, in dem keine Anbindung zur Wärmesenke vorliegt. Die maximale Temperatur wird unmittelbar an der Frontfacette erreicht, wo sich durch Oberflächenrekombination ein zusätzlicher, kleiner Temperaturanstieg ergibt, Bild 5.13 (c). Weiterhin ist die Temperatur im gesamten p-dotierten Bereich des Halbleiters ($x < 0$ µm) nur unwesentlich geringer als im Quantenfilm, Bild 5.13 (d).

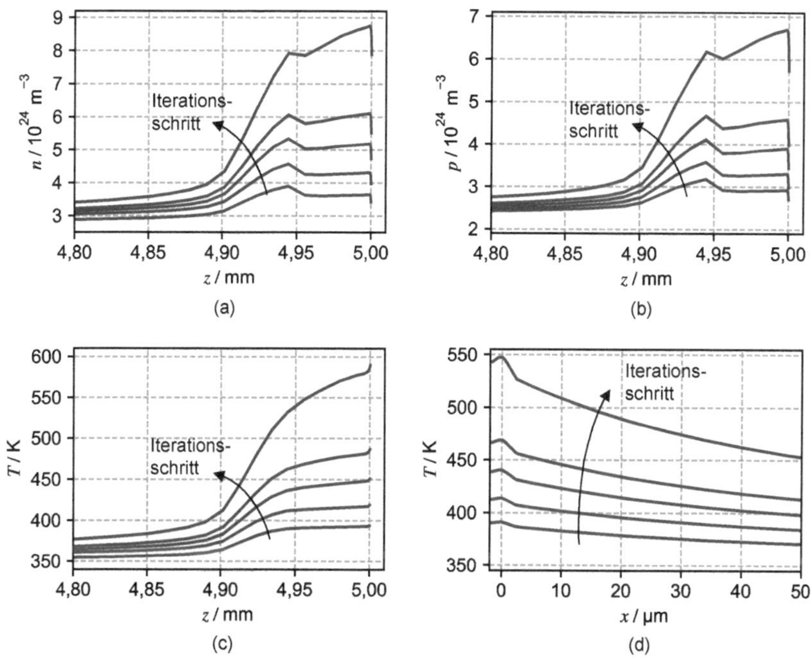

Bild 5.13: Elektronendichte (a), Löcherdichte (b) und longitudinales Temperaturprofil (c) innerhalb des Quantenfilms sowie vertikales Temperaturprofil (d) bei $z = 4{,}95$ mm für die thermischen Iterationsschritte 1, 3, 5, 6 und 7 für $d_{\mathrm{ov}} = 100$ µm und $U = 1{,}7$ V ($I = 19{,}4$ A). Die Pfeile geben die Richtung zunehmender Iterationsschritte an.

Die nach Gleichung (5.2) bzw. (5.3) definierten vertikalen Teilchenstromdichten nehmen im elektrisch gepumpten Bereich im Gegensatz zu Bild 5.7 im Betrag ausschließlich zu, Bild 5.14. Die zuvor beobachtete Vorzeichenumkehr tritt lediglich in den ungepumpten Bereichen auf und lässt sich wieder auf Diffusionsströme infolge der großen Ladungsträgerdichten im Quantenfilm zurückführen. In diesem Fall überwiegt der Diffusionsstrom den Driftstrom im elektrisch gepumpten Bereich also nicht. Im n-Wellenleiter treten erhebliche Leckströme der Löcher auf, Bild 5.14 (b). Die Leckströme durch Elektronen im p-Wellenleiter sind deutlich geringer, Bild 5.14 (c).

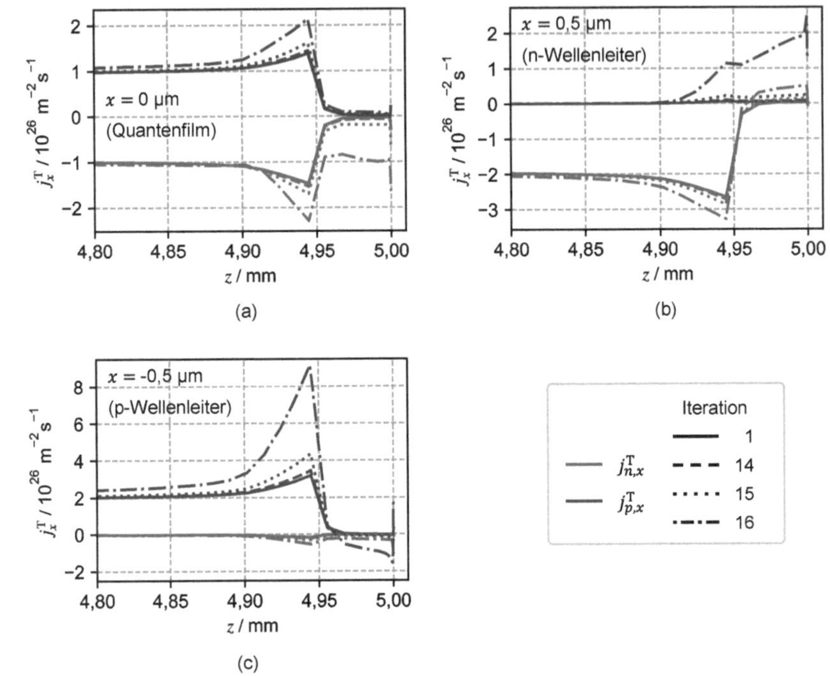

Bild 5.14: Vertikale Komponente der Teilchenstromdichte an drei verschiedenen vertikalen Positionen für die thermischen Iterationsschritte 1, 14, 15 und 16 sowie für $d_\mathrm{ov} = 100$ µm und $U = 1{,}7$ V ($I = 19{,}4$ A).

Die abschließende Betrachtung der Beiträge der einzelnen Wärmequellen in Bild 5.15 während der ersten und der siebten Iteration zeigt ähnliche Veränderungen auf wie zuvor in Bild 5.8. Auch hier ergibt sich durch die Leckströme eine starke Zunahme der nichtstrahlenden Rekombination (NR) und der Free-Carrier-Absorption (FCA) außerhalb des Quantenfilms (Bulk), während sich der Anteil der jouleschen Wärme deutlich verringert und die Wärmequellen innerhalb des Quantenfilms (QW) nahezu konstant bleiben.

Damit kann festgehalten werden, dass trotz der zu Beginn dieses Abschnitts genannten Näherungen im Rahmen des verwendeten COD-Modells die Ergebnisse der experimentellen Studie zum Einfluss des Facettenüberhangs sehr gut vom Modell abgebildet werden können. Dies zeigt sich sowohl in der qualitativen Aussage, dass in dieser Studie ausschließlich bei einem Überhang von 100 µm ein COD auftritt, als auch in der quantitativ korrekten Vorhersage der COD-Schwelle. Das thermische Durchgehen ist wie zuvor in Abschnitt 5.2 von starken Leckströmen und einer Zunahme der Wärmequellen außerhalb der aktiven Zone der Laserdiode geprägt.

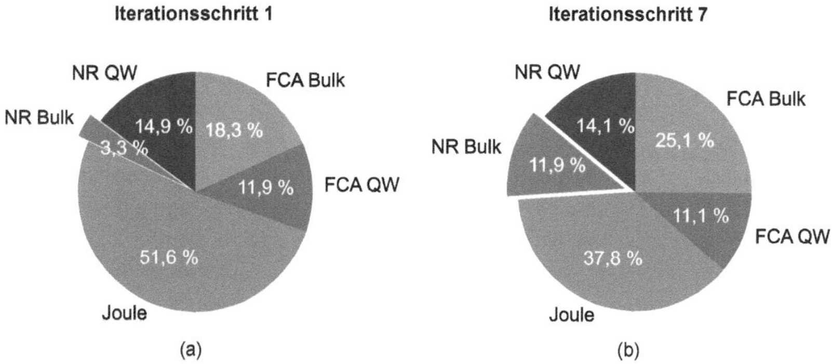

Bild 5.15: Anteil der einzelnen Wärmequellen zur gesamten Wärmeleistung im Verlauf der thermischen Iteration für d_{ov} = 100 µm, U = 1,7 V (I = 19,4 A).

5.4 Katastrophale Degradation durch externe optische Rückkopplung

Teile dieses Abschnitts wurden bereits in [148] veröffentlicht.

Nachdem in den vorangegangenen Abschnitten dieses Kapitels ein Modell des thermischen Durchgehens beschrieben, analysiert und validiert wurde, erfolgt in diesem Abschnitt nun die Untersuchung der katastrophalen Degradation, hervorgerufen durch externe optische Rückkopplung, in einer vollständig gekoppelten Simulation. Damit wird die Beantwortung der zweiten Forschungsfrage aus Kapitel 3 nach den zugrunde liegenden physikalischen Effekten, die eine Reduktion der COD-Schwelle bei spektral-stabilisierten Laserdioden hervorrufen, ermöglicht.

Das Locking-Verhalten der Laserdioden wird dabei in diesem Abschnitt nicht betrachtet, da der im vorliegenden Modell gewählte monochromatische Ansatz mit variabler Zentralwellenlänge dazu führen kann, dass beispielsweise eine Dejustage im externen optischen System für eine verschwindende optische Rückkopplung sorgt. Liegt die nach Gleichung (4.84) bestimmte Zentralwellenlänge außerhalb des schmalen Reflexionsbandes des VBG, entsteht im Modell keine optische Rückkopplung. Durch die endliche Linienbreite der freilaufenden Laserdiode mit Werten zwischen 3 nm und 6 nm würde jedoch in der Realität auch in diesem Fall eine entsprechende Rückreflex-Leistung vorliegen. Aus diesem Grund wird im Weiteren immer von einer freilaufenden Laserdiode und einem breitbandig reflektierenden Spiegel im externen optischen System ausgegangen. Dies erlaubt weiterhin eine bessere Vergleichbarkeit mit experimentellen Studien zur Rückreflex-Empfindlichkeit von Laserdioden, die ebenfalls ausschließlich mit breitbandig reflektierenden Spiegeln durchgeführt wurden [25, 33, 66]. Weiterhin entspricht dies dem Fall von breitbandiger, unbeabsichtigter Rückkopplung von Faser-Enden oder der Werkstück-Oberfläche, die in der Praxis eine weitere Limitierung der COD-Schwelle bewirkt.

Um die Auswirkungen einer räumlich verschobenen rückgekoppelten Intensitätsverteilung auf die katastrophale Degradation zu untersuchen, wird der in Bild 5.16 (a) dargestellte Aufbau verwendet. Dieser besteht aus einer FAC-Linse, bei der eine Dejustage in Richtung der Fast Axis von Δx_{FAC} vorliegt, sowie einem breitbandig reflektierenden Spiegel mit Reflektivität $R_{\mathrm{f}}^{\mathrm{ext}}$. Ursache dieser Dejustage kann z. B. die bei Laserdioden-Barren auftretende Durchbiegung des auf die Wärmesenke gelöteten Chips (Smile) sein. Durch diesen Effekt kann bereits eine Dejustage einzelner Emitter gegenüber der FAC von wenigen Mikrometern verursacht werden. Die von der Laserdiode emittierte Grundmode des Wellenleiters ist zusammen mit der auf die Frontfacette auftreffenden, rückgekoppelten Intensitätsverteilung für verschiedene Dejustagen in Bild 5.16 (b) gezeigt. Die optimale Position $\Delta x_{\mathrm{FAC}} = 0$ µm wird dabei durch Maximierung des Überlapp-Integrals mit der Grundmode festgelegt. Die Verschiebung der Verteilung auf der Facette entspricht aufgrund des optischen Aufbaus dem doppelten Wert der Dejustage. Bei $\Delta x_{\mathrm{FAC}} = -1$ µm trifft bereits ein Teil der zurückgekoppelten Strahlung auf das Metall des p-Kontakts bzw. die Lotschicht zwischen Wärmesenke und Chip. Erreicht die Dejustage einen Wert von $\Delta x_{\mathrm{FAC}} = -2$ µm, liegt die Intensitätsverteilung vollständig in den Metallschichten. Aufgrund der geringen optischen Eindringtiefe von weniger als 100 nm in Gold bei einer Wellenlänge um 1 µm [149] wird die hierdurch erzeugte Wärmequelle in dieser Arbeit als Oberflächenquelle modelliert. Dabei entspricht die Leistung dieser Oberflächenquelle der optischen Leistung, die auf die Metallschichten trifft. Eine Reflektivität dieser Schichten wird nicht berücksichtigt. Durch die poröse Oberfläche des Lots wird die Absorption der Schicht deutlich erhöht und die Reflektivität entsprechend verringert [150]. Messungen der Reflektivität zeigen, dass der erwartete Wert für eine gerichtete Reflexion nur bei etwa 25 % liegt [146]. In diesem Abschnitt werden Laserdioden der Struktur D3 mit den in Tabelle D.1 aufgelisteten Parametern betrachtet.

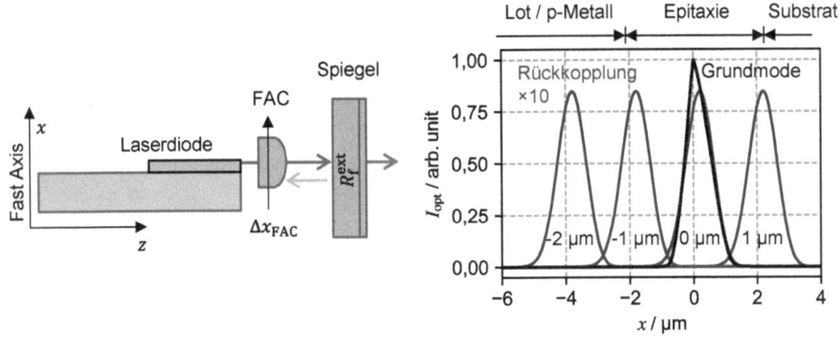

(a) (b)

Bild 5.16: (a) Aufbau des externen Resonators mit breitbandig reflektierendem Spiegel und Dejustage der FAC-Linse in Richtung der Fast Axis, (b) Grundmode des Wellenleiters und rückgekoppelte Intensitätsverteilungen (multipliziert mit einem Faktor $1/R_{\mathrm{f}}^{\mathrm{ext}}$) an der Frontfacette der Laserdiode für verschiedene Werte der Dejustage.

Die Leistungskennlinien werden für verschiedene Dejustagen der FAC-Linse und eine Reflektivität des Spiegels von 10 % berechnet, Bild 5.17 (a). Im Fall der optimalen Rückkopplung $\Delta x_{\mathrm{FAC}} = 0$ µm tritt bis zu einem Strom von etwa 15 A nur thermisches Überrollen auf. Wird die Rückkopplung in Richtung des Halbleitersubstrats verschoben, $\Delta x_{\mathrm{FAC}} = 1$ µm, ergibt sich lediglich eine verringerte Steigungseffizienz durch die fehlende Rückkopplung in den Wellenleiter. Erfolgt jedoch eine in Richtung des p-Kontakts verschobene optische Rückkopplung, bewirkt die zuvor angesprochene Oberflächenquelle eine katastrophale optische Degradation der Laserdiode bereits bei Strömen zwischen 9,5 A und 11 A. Die geringste COD-Schwelle kann bei $\Delta x_{\mathrm{FAC}} =$ -1,5 µm beobachtet werden, da das rückgekoppelte Feld in diesem Fall nahezu vollständig in den Metallschichten absorbiert wird. Für $\Delta x_{\mathrm{FAC}} =$ -1 µm trifft noch etwa die Hälfte der Strahlung auf den Halbleiter, sodass sich eine etwas höhere COD-Schwelle ergibt. Die ebenfalls höhere COD-Schwelle bei $\Delta x_{\mathrm{FAC}} =$ -2 µm lässt sich einerseits mit der größeren Entfernung zwischen Oberflächenquelle und der aktiven Zone des Halbleiters und andererseits mit der geringeren Entfernung zwischen Oberflächenquelle und Wärmesenke begründen.

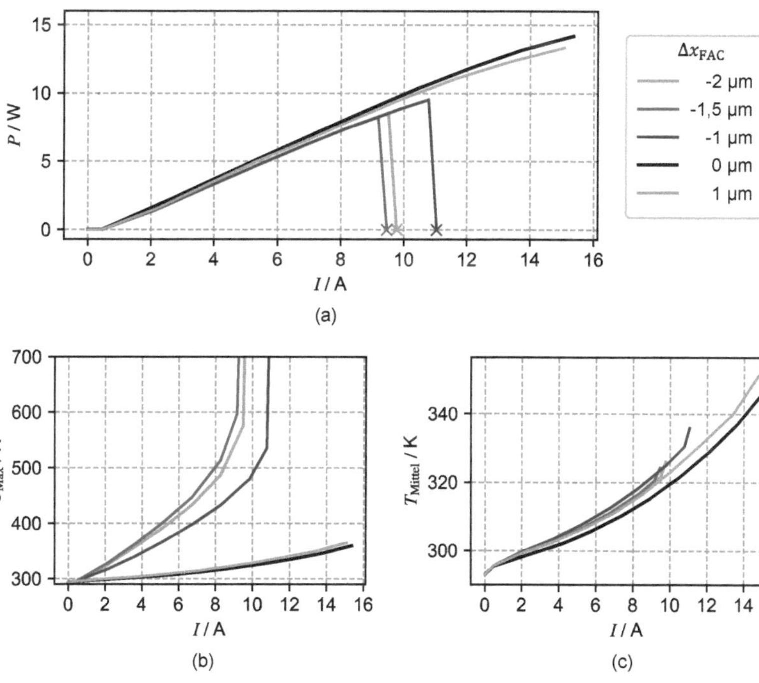

(a)

(b) (c)

Bild 5.17: Berechnete Leistungskennlinien (a), Maximaltemperaturen (b) und mittlere Temperaturen innerhalb des Quantenfilms (c) in Abhängigkeit von Δx_{FAC} für $R_{\mathrm{f}}^{\mathrm{ext}} = 10$ %.

Der COD kann anhand der in Bild 5.17 (b) und (c) gezeigten Entwicklungen der Maximaltemperaturen und der mittleren Temperaturen im Quantenfilm eindeutig vom thermischen Überrollen unterschieden werden. Im Fall der zum p-Kontakt verschobenen Rückkopplung liegen die Maximaltemperaturen durch die Oberflächenquelle bereits ab der Laserschwelle deutlich über den Werten, die ohne Dejustage erreicht werden. Die mittleren Temperaturen unterscheiden sich in beiden Fällen jedoch nur unwesentlich. Weiterhin ist der für den COD charakteristische abrupte Anstieg der Maximaltemperatur sichtbar. Beim thermischen Überrollen würden aufgrund der verringerten Effizienz des Laserprozesses sowohl die maximale als auch die mittlere Temperatur deutlich, aber nicht so abrupt wie beim COD zunehmen. Wie bereits in Abschnitt 5.2.2 diskutiert, hängt die kritische Temperatur, ab der das thermische Durchgehen einsetzt, vom Betriebspunkt der Laserdiode ab und verringert sich mit zunehmender optischer Leistung bzw. zunehmendem Betriebsstrom. Die hier beobachteten Werte der kritischen Temperatur liegen zwischen 535 K und 600 K und damit in einem ähnlichen Bereich wie in Abschnitt 5.2.2.

Für Δx_{FAC} = 1 µm propagiert der extern reflektierte Anteil nahezu ungestört in der n-Mantelschicht der Struktur, Bild 5.18 (a). Die durch die Rückkopplung entstehende Wärmequelle infolge der Free-Carrier-Absorption stellt aufgrund ihrer großen Ausdehnung im mm-Bereich in den n-dotierten Schichten keinen zusätzlichen Trigger für den COD dar. Der Anteil der Strahlung, der bei Δx_{FAC} = -1 µm noch auf den Halbleiterchip trifft, wird durch die stärkere Free-Carrier-Absorption bei Löchern und die große Löcherdichte in den hochdotierten Schichten am p-Kontakt innerhalb von wenigen hundert Mikrometern absorbiert, Bild 5.18 (b).

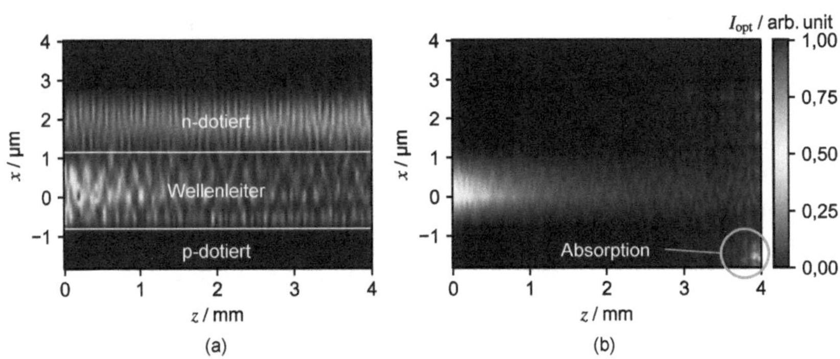

Bild 5.18: Propagation der zurückgekoppelten Intensitätsverteilung zur Rückfacette der Laserdiode für Δx_{FAC} = 1 µm (a) und Δx_{FAC} = -1 µm (b) mit $R_{\mathrm{f}}^{\mathrm{ext}}$ = 10 % für U = 1,6 V und I = 8,3 A bzw. 8,5 A.

Die mit der Simulation berechneten COD-Schwellen in Abhängigkeit von der vertikalen Verschiebung der rückgekoppelten Intensitätsverteilung Δx werden experimentell ermittelten Daten aus [33] gegenübergestellt, Bild 5.19. Obwohl beiden Arbeiten bis auf geringe Unterschiede bei den Facettenreflektivitäten die gleiche Laserdiodenstruktur zugrunde liegt, ist hier allerdings nur ein rein qualitativer Vergleich möglich, da die experimentellen Bedingungen, unter denen diese Daten erzeugt wurden, in mehreren Punkten von denen der Simulation abweichen. Erstens wurden die COD-

Tests im Pulsbetrieb durchgeführt, sodass auch im Fall ohne Dejustage bzw. mit einer Dejustage in Richtung des Halbleitersubstrats eine COD-Schwelle messbar ist. Zweitens wurde für die Untersuchung keine Rückkopplung der Strahlung der Laserdiode selbst verwendet. Eine weitere Laserdiode diente dem gezielten Aufheizen, wobei eine konstante Leistung von 1 W auf der Frontfacette der zu untersuchenden Laserdiode eingestellt wurde. Drittens unterscheidet sich auch der optische Aufbau zur Strahlformung im externen Resonator vom Aufbau in Bild 5.16 (a). Trotz all dieser Abweichungen lässt sich dennoch eine qualitative Übereinstimmung der Ergebnisse feststellen. Beide Analysen zeigen, dass eine Verschiebung der Intensitätsverteilung zum Substrat hin keine negativen Auswirkungen auf die COD-Schwelle hat. Gleiches gilt für eine Dejustage zum p-Kontakt um Δx = -1 µm, bei der noch keine Überlappung der rückgekoppelten Strahlung mit den Metallschichten vorliegt. Im Gegensatz dazu bewirken Verschiebungen um $\Delta x \leq$ -2 µm eine deutliche Reduktion der COD-Schwelle.

Die longitudinale Ausgangsposition des COD ist durch die Position des Maximalwertes der Temperaturverteilung beim thermischen Durchgehen bestimmt. Obwohl für $\Delta x \geq$ -1 µm in der Simulation kein COD beobachtet werden kann, kann auch in diesem Fall davon ausgegangen werden, dass der Ort der maximalen Temperatur ein wahrscheinlicher Ausgangspunkt des COD ist. Die Entwicklung dieser Position ist ebenfalls in Bild 5.19 dargestellt. Für $\Delta x \leq$ -1 µm liegt die maximale Temperatur infolge der Absorption in den Metallschichten bzw. der Free-Carrier-Absorption in den hochdotierten Schichten am p-Kontakt unmittelbar an der Frontfacette der Laserdiode. Bei $\Delta x \geq$ 0 µm hingegen verschiebt sich diese Position in den elektrisch gepumpten Bereich der Laserdiode (z < 4,97 mm für die analysierte Struktur). Die Ergebnisse stimmen damit mit den experimentellen und theoretischen Untersuchungen zum longitudinalen Ausgangspunkt des COD aus [33] überein.

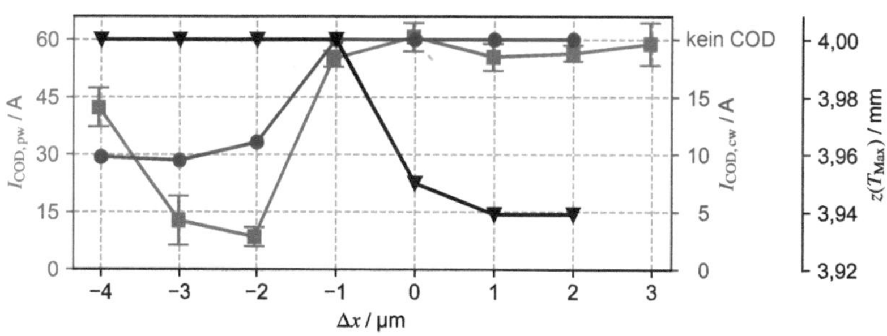

Bild 5.19: COD-Schwelle in Abhängigkeit der vertikalen Verschiebung Δx der auf die Frontfacette auftreffenden Intensitätsverteilung: experimentelle Ergebnisse im Pulsbetrieb aus [33] (linke Achse), Simulationsergebnisse im cw-Betrieb (rechte Achse) und longitudinale Position der Maximaltemperatur in der Simulation (rechts außen).

Eine Analyse der einzelnen Iterationsschritte beim thermischen Durchgehen für eine Dejustage von Δx_{FAC} = -1 µm erfolgt in Bild 5.20. Im Gegensatz zu den bisher gezeigten Iterationen in Bild 5.6 bzw. Bild 5.13 tritt hier durch die Oberflächenquelle jeweils nur in einem sehr schmalen longitudinalen Bereich an der Frontfacette eine starke Erhöhung der Ladungsträgerdichten auf, Bild 5.20 (a) und (b). Gleiches gilt für das longitudinale Temperaturprofil, Bild 5.20 (c). Ein relevanter Temperaturanstieg ist nur im elektrisch ungepumpten Bereich bei $z \geq 3{,}97$ mm zu beobachten. Unmittelbar an der Frontfacette tritt wiederum eine deutliche Abnahme der Ladungsträgerdichten durch die Oberflächenrekombination auf. Das vertikale Temperaturprofil an der Frontfacette in Bild 5.20 (d) weist zunächst in der ersten Iteration ein Maximum an der Grenzfläche zwischen Halbleiter und p-Kontakt auf, da hier die Oberflächenquelle aufgrund der Rückkopplung eingebracht wird. Mit zunehmender Iterationszahl verschiebt sich jedoch die vertikale Position des Temperaturmaximums in den Quantenfilm bei $x = 0$ µm. Dort sorgt die positive Rückkopplungsschleife beim thermischen Durchgehen für immer größer werdende Wärmequellen. Diese werden durch die lokal stark zunehmenden Ladungsträgerdichten verursacht.

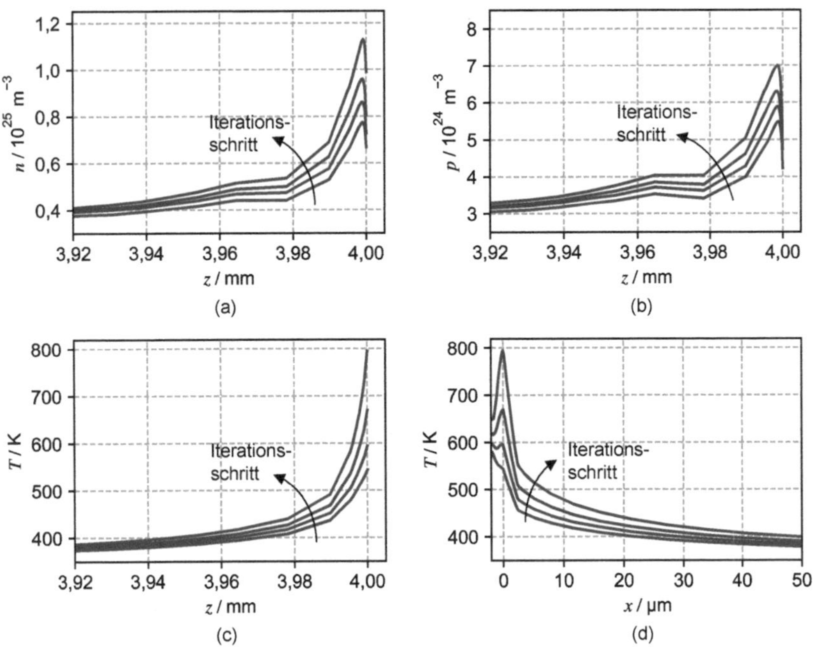

Bild 5.20: Elektronendichte (a), Löcherdichte (b) und longitudinales Temperaturprofil (c) innerhalb des Quantenfilms sowie vertikales Temperaturprofil (d) an der Frontfacette für die thermischen Iterationsschritte 1, 10, 23 und 27 mit $R_\mathrm{f}^\mathrm{ext} = 10$ %, $\Delta x_\mathrm{FAC} = -1$ µm und $U = 1{,}69$ V ($I = 11{,}04$ A). Die Pfeile geben die Richtung zunehmender Iterationsschritte an.

Wie anhand des longitudinalen Temperaturprofils zu erwarten, weist die Entwicklung der Teilchenstromdichte nach Gleichung (5.2) bzw. (5.3) keine Veränderung im elektrisch gepumpten Bereich auf, Bild 5.21. Innerhalb des Quantenfilms dominiert in

Facettennähe der Diffusionsstrom der Elektronen in Richtung der n-dotierten Seite. Ein Löcherstrom ist dort nicht beobachtbar. Dies kann darauf zurückgeführt werden, dass dieser Strom zu gleichen Teilen in Richtung der n- und der p-Seite fließt. Zu den Leckströmen in Bild 5.21 (b) und (c) tragen hingegen Elektronen und Löcher in vergleichbarem Maß bei. Sowohl im n- als auch im p-Wellenleiter fließen die Ladungsträger, die erst durch die thermisch bedingte Verschiebung des optischen Verstärkungsspektrums im Quantenfilm erzeugt werden, aufgrund der Diffusion ausschließlich vom Quantenfilm weg.

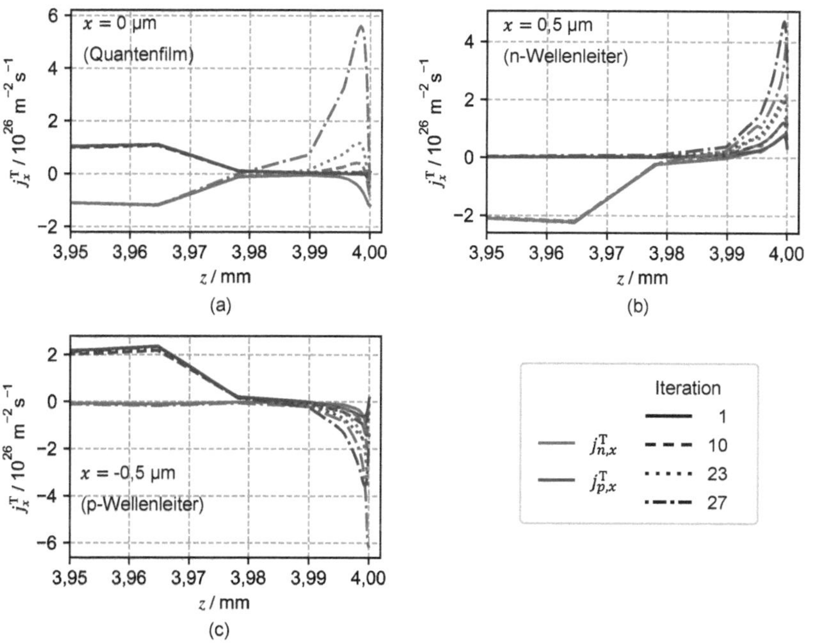

Bild 5.21: Vertikale Komponente der Teilchenstromdichte an drei verschiedenen vertikalen Positionen für die thermischen Iterationsschritte 1, 10, 23 und 27 sowie für R_f^{ext} = 10 %, Δx_{FAC} = -1 µm und U = 1,69 V (I = 11,04 A).

Der Beitrag der einzelnen Wärmequellen in einem Bereich von 100 µm um die Frontfacette wird in Bild 5.22 für den ersten und den 27. (von insgesamt 29) Iterationsschritten verglichen. Da hier im Gegensatz zu den Diagrammen in Bild 5.8 und Bild 5.15 nur ein Ausschnitt in Facettennähe betrachtet wird, liefert die joulesche Wärme nur einen geringen Beitrag zur Wärmeleistung. Die durch die verschobene Rückkopplung erzeugten Wärmequellen dominieren. Etwa ein Drittel der gesamten Wärmeleistung im betrachteten Intervall in Bild 5.22 (a) wird durch die Absorption in den Metallschichten verursacht. Da die zurückgekoppelte Intensitätsverteilung für den betrachteten Fall (Δx = -2 µm) zu in etwa gleichen Teilen auf die Metallschichten und auf die Epistruktur trifft, Bild 5.16 (b), wird ein ähnlich großer Beitrag durch die Free-

Carrier-Absorption (FCA) in den stark p-dotierten Schichten der Halbleiterstruktur erzeugt. Zusammen mit der Free-Carrier-Absorption im Wellenleiter der Laserdiode, die durch die vorwärts propagierende Intensitätsverteilung zustande kommt, ergibt dieser Anteil der Wärmequelle fast die Hälfte der gesamten Wärmeleistung in Bild 5.22 (a). Bei näherungsweise konstanter Ausgangsleistung bleibt auch die im p-Kontakt und im Lot absorbierte Leistung konstant. Da jedoch während des thermischen Durchgehens die lokale Wärmeleistung im analysierten Intervall zunimmt, geht der Anteil dieser Wärmequelle in Bild 5.22 (b) zurück. Gleiches gilt für den Einfluss der durch die Rückkopplung induzierten Free-Carrier-Absorption. Hier wird die Abnahme allerdings durch eine entsprechende Zunahme der Absorption im Wellenleiter infolge der auftretenden Leckströme nahezu kompensiert, siehe Bild 5.21. Diese Leckströme bewirken wie auch bei den vorherigen Analysen einen erheblichen Anstieg der nichtstrahlenden Rekombination in den Bulk-Schichten (NR Bulk). Durch die stark zunehmende Ladungsträgerdichte an der Frontfacette vervierfacht sich der Beitrag der Oberflächenrekombination (SR) zwischen den gezeigten Iterationsschritten.

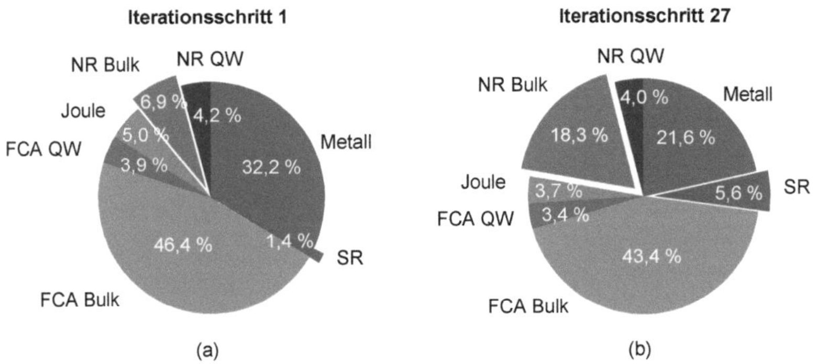

Bild 5.22: Anteil der einzelnen Wärmequellen zur gesamten Wärmeleistung in der Nähe der Frontfacette ($z > 3{,}9$ mm) im Verlauf der thermischen Iteration für $R_\mathrm{f}^\mathrm{ext} = 10$ %, $\Delta x_\mathrm{FAC} = -1$ µm und $U = 1{,}69$ V ($I = 11{,}04$ A).

In [65] wird eine lineare Abnahme der kritischen Rückreflex-Leistung, die zum COD führt, mit zunehmendem Betriebsstrom beobachtet. Um diesen Effekt mit dem im Rahmen dieser Arbeit entwickelten Modell analysieren zu können, wird bei einer konstanten Dejustage von $\Delta x_\mathrm{FAC} = -1$ µm die Reflektivität des externen Spiegels $R_\mathrm{f}^\mathrm{ext}$ variiert. Die in Bild 5.23 dargestellten Ergebnisse zeigen, wie die in den Metallschichten absorbierte Leistung mit zunehmendem Strom ansteigt, bis für eine Reflektivität zwischen 10 % und 20 % bei einem kritischen Wert der COD einsetzt. Auch hier zeigt sich ein nahezu linearer Zusammenhang zwischen kritischer Rückreflex-Leistung und dem Betriebsstrom. Die Abnahme der kritischen Rückreflex-Leistung mit zunehmender Stromstärke kann wie in Bild 5.10 mit der zunehmenden optischen Intensität begründet werden. Bei einer Reflektivität von 5 % kann durch das einsetzende thermische Überrollen der linear extrapolierte Wert für die kritische absorbierte Leistung in den Metallschichten nicht erreicht werden. Eine weitere Extrapolation bis auf eine Einkopplung von 0 W kann als COD-Schwelle der Laserdiode ohne Rückkopplung betrachtet werden. Anhand von Bild 5.23 lässt sich erkennen, dass dieser Wert deutlich oberhalb von 20 A liegt, sodass für die hier betrachteten Laserdioden mit einer Länge von 4 mm ohne dejustierte Rückkopplung wegen des thermischen Überrollens kein COD sichtbar ist.

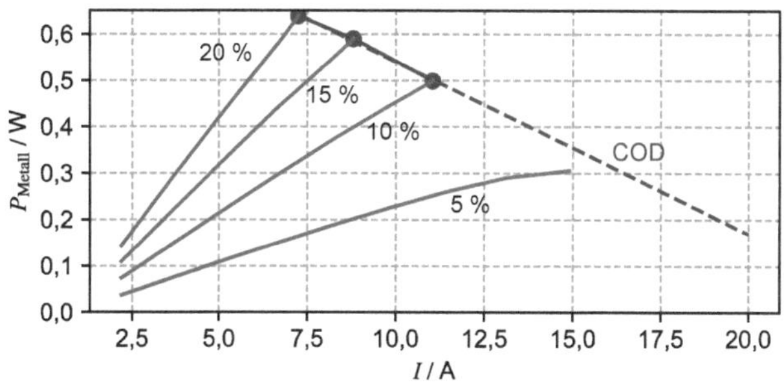

Bild 5.23: In den Metallschichten absorbierte Leistung (rot) als Funktion der Stromstärke für Δx_{FAC} = -1 µm und verschiedene Werte von R_f^{ext}. Ebenfalls eingezeichnet ist der kritische Wert der absorbierten Leistung (blau), der zum COD führt.

Zum Abschluss dieses Abschnitts wird die Abhängigkeit der COD-Schwelle von der Oberflächenrekombinationsgeschwindigkeit analysiert. Da diese als ein Maß für die Qualität der Facetten stark vom verwendeten Prozess beim Brechen und Beschichten der Chips abhängt, ist ein genauer Wert häufig nicht bekannt. Aus diesem Grund ist es wichtig, den Einfluss dieses Parameters auf die Simulationsergebnisse zu diskutieren. Obwohl durch die Oberflächenrekombination ebenfalls eine stark lokalisierte Oberflächenquelle entsteht, wird die COD-Schwelle auch bei einer Zunahme des Parameters um zwei Größenordnungen nur leicht reduziert, Bild 5.24 (a). Dieser geringe Einfluss kann nicht ausschließlich auf die mit zunehmender Rekombinationsgeschwindigkeit abnehmende Ladungsträgerdichte an der Facette zurückgeführt werden, da diese Abnahme im betrachteten Intervall auf einen Faktor zwei bis drei beschränkt bleibt, Bild 5.24 (b).

Eine Betrachtung der Beiträge der einzelnen Wärmequellen während des thermischen Durchgehens ist in Bild 5.25 für Rekombinationsgeschwindigkeiten von $4 \cdot 10^2$ m/s und $4 \cdot 10^4$ m/s dargestellt. In letzterem Fall trägt die Oberflächenrekombination (SR) mit einem Anteil von über 10 % eindeutig zur positiven Rückkopplungsschleife bei, während dieser Effekt bei niedriger Rekombinationsgeschwindigkeit nicht relevant ist. Auffallend ist jedoch, dass dieser geringere Anteil der Oberflächenrekombination fast exakt durch die nichtstrahlende Rekombination (NR) in den Bulk-Schichten kompensiert wird. Die im aufgeheizten Quantenfilm entstehenden Ladungsträger rekombinieren also entweder bei ausreichend hoher Rekombinationsgeschwindigkeit bevorzugt an der Facette oder bei geringer Rekombinationsgeschwindigkeit nach Diffusion aus dem Quantenfilm in den Bulk-Schichten. Durch diese Möglichkeit der

Umverteilung zwischen den beiden Rekombinationskanälen lässt sich der geringe Einfluss der Rekombinationsgeschwindigkeit auf die COD-Schwelle erklären.

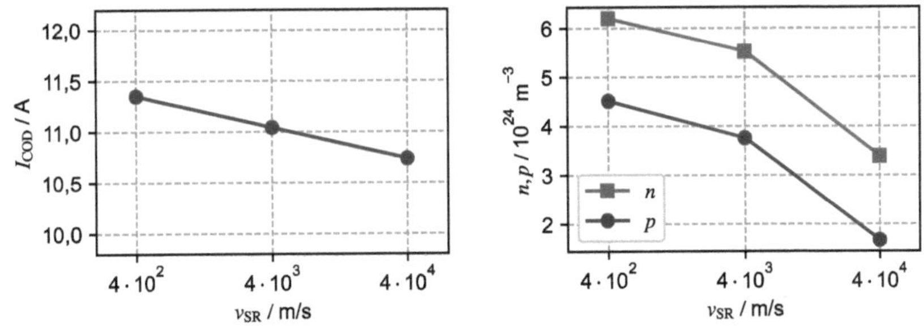

(a) (b)

Bild 5.24: (a) COD-Schwelle in Abhängigkeit der Oberflächenrekombinationsgeschwindigkeit für $R_f^{ext} = 10$ %, $\Delta x_{FAC} = -1$ µm, (b) Elektronen- bzw. Löcherkonzentration im Quantenfilm an der Frontfacette bei $U = 1{,}65$ V ($I = 9{,}8$ A).

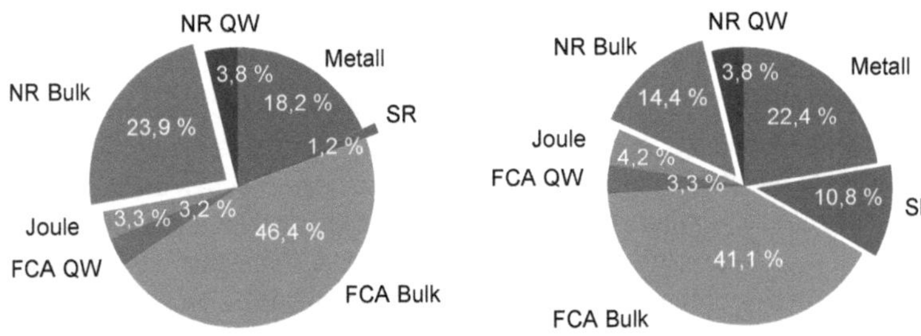

(a) (b)

Bild 5.25: Anteil der einzelnen Wärmequellen zur gesamten Wärmeleistung in der Nähe der Frontfacette ($z > 3{,}9$ mm) für $v_{SR} = 4\cdot10^2$ m/s (a) bzw. $v_{SR} = 4\cdot10^4$ m/s (b) jeweils im vorletzten Iterationsschritt für $\Delta x_{FAC} = -1$ µm, $R_f^{ext} = 10$ % und $U = 1{,}7$ V ($I = 11{,}4$ A) (a) bzw. $U = 1{,}68$ V ($I = 10{,}8$ A) (b).

Abschließend kann damit die zweite Forschungsfrage aus Kapitel 3 beantwortet werden. Die verringerte COD-Schwelle von Laserdioden unter externer optischer Rückkopplung ist auf eine Aufheizung der Frontfacette durch Absorption der rückgekoppelten Strahlung in den Metallschichten der Struktur zurückzuführen. Dieser Effekt stellt die erste Phase des COD dar. Die Temperaturerhöhung sorgt für das Einsetzen der positiven Rückkopplungsschleife, bei der Ladungsträger zunehmend entweder an der Facette oder in den Bulk-Schichten nichtstrahlend rekombinieren. Dadurch wird die zweite Phase des COD, das thermische Durchgehen, ermöglicht, das schließlich zu einem lokalen Aufschmelzen des Halbleiterchips und einer irreversiblen Zerstörung der Laserdiode führt. Mit dem vorliegenden Modell können die experimentellen Ergebnisse qualitativ abgebildet werden. Weiterhin lässt sich mit dem Modell eine kritische, in den Metallschichten absorbierte Rückreflex-Leistung bestimmen, ab der ein COD einsetzt. Diese Leistung hängt stark vom Arbeitspunkt der Laserdioden ab und wird mit zunehmendem Betriebsstrom geringer.

5.5 Zusammenfassung

In diesem Kapitel wurde gezeigt, dass der Prozess des thermischen Durchgehens mit dem in Kapitel 4 entwickelten Modell abgebildet werden kann (erste Forschungsfrage). Der Einfluss diffusionsgetriebener, vertikaler Leckströme und der resultierenden Wärmequellen außerhalb der aktiven Zone stellte sich dabei als entscheidender Beitrag zur positiven Rückkopplungsschleife heraus. Eine Reduktion der kritischen Temperatur mit zunehmender Stromstärke und bei Verschiebung des COD-Ausgangspunktes zur Frontfacette wurde vorhergesagt, sodass der COD auch in der Simulation bevorzugt bei hohen Strömen und in der Nähe der Frontfacette auftritt. Darüber hinaus konnte das Modell anhand einer experimentellen Studie, bei der der COD gezielt durch eine Erhöhung des Facettenüberhangs herbeigeführt wurde, quantitativ validiert werden. Schließlich wurden eine Verschiebung der rückgekoppelten Feldverteilung zu den Metallschichten der p-Seite und die daraus folgende stark lokalisierte Wärmequelle als Ursachen für die reduzierte COD-Schwelle unter externer optischer Rückkopplung identifiziert (zweite Forschungsfrage). Auch in diesem Fall konnten die Ergebnisse des Modells mithilfe experimenteller Daten qualitativ bestätigt werden.

6 Strategien zur Verringerung der Rückreflex-Empfindlichkeit

In diesem Kapitel werden zum Abschluss der Arbeit verschiedene Ansätze untersucht, die eine Verringerung der Rückreflex-Empfindlichkeit von Hochleistungslaserdioden versprechen. Die Bewertung der Rückreflex-Empfindlichkeit erfolgt dabei über eine Berechnung der COD-Schwelle bei dejustierter optischer Rückkopplung mit dem in Abschnitt 5.4 vorgestellten Modell. Es werden die folgenden vier Konzepte analysiert, siehe Bild 6.1:

1. Anpassung der Länge der elektrisch ungepumpten Bereiche an der Frontfacette (Non-Injecting Mirror, NIM)
2. lokale Vergrößerung der Bandlücke des Quantenfilms an der Frontfacette (Non-Absorbing Mirror, NAM)
3. lokale Vergrößerung der Bandlücke des Wellenleiters an der Frontfacette
4. beidseitig telezentrische, abbildende Rückkopplung ohne Bildumkehr im externen Resonator

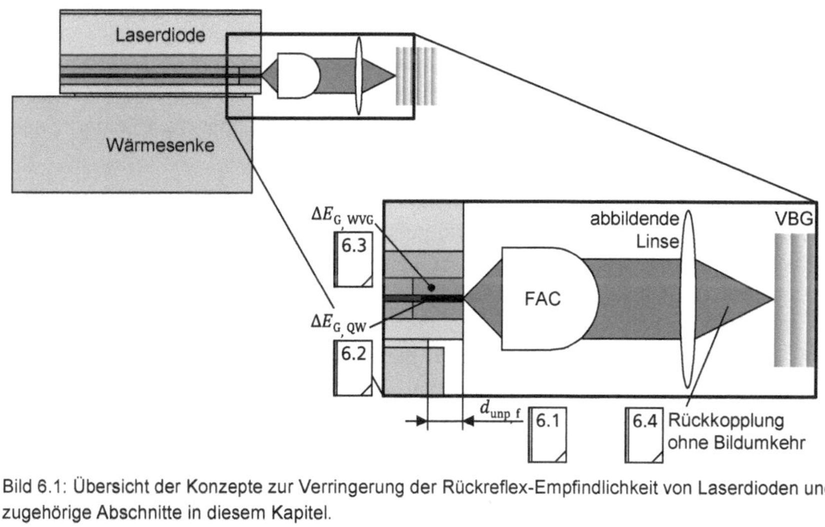

Bild 6.1: Übersicht der Konzepte zur Verringerung der Rückreflex-Empfindlichkeit von Laserdioden und zugehörige Abschnitte in diesem Kapitel.

Die Punkte 1 und 2 sind in der Literatur bereits experimentell untersucht worden [94-96], jedoch ohne Berücksichtigung des Einflusses von externen Resonatoren. Punkt 3 stellt einen im Rahmen dieser Arbeit präsentierten, neuartigen Ansatz dar, der auf eine Verringerung der in den Simulationen beobachteten Leckströme abzielt. Punkt 4 verspricht schließlich eine Rückkopplung in den Wellenleiter unabhängig von einer Dejustage der FAC-Linse [151]. Die Vorteile dieses Ansatzes in Bezug auf die spektrale Stabilisierung von Laserdioden-Barren werden in [117] anhand von experimentellen Analysen bestätigt. Eine Betrachtung der Auswirkungen auf die COD-Schwelle erfolgt dort jedoch nicht. Zunächst werden die einzelnen Ansätze und ihr

Einfluss auf die COD-Schwelle in den Abschnitten 6.1 - 6.4 diskutiert. In Abschnitt 6.5 erfolgt dann eine Bewertung der verschiedenen Konzepte im Hinblick auf ihr Potential zur Realisierung robuster Diodenlaser-Systeme. Wie zuvor in Abschnitt 5.4 werden Laserdioden des Typs D3 untersucht, siehe Tabelle D.1 und Tabelle D.5, und die externe Reflektivität R_f^{ext} wird auf 10 % festgelegt.

6.1 Non-Injecting Mirror

Das Konzept der nichtinjizierenden Spiegel (Non-Injecting Mirror, NIM) wird z. B. in [94] diskutiert und experimentell analysiert. Bei diesem Ansatz wird in einem Bereich in der Nähe der Facetten der Stromfluss unterbunden. Dies kann unter anderem durch das Abscheiden einer dielektrischen Schicht auf der p-Seite des Halbleiters realisiert werden, bevor das entsprechende Kontaktmetall aufgedampft wird. Durch den eingeschränkten Stromfluss werden eine Verringerung der jouleschen Wärme und der Ladungsträgerdichte an den Facetten der Laserdiode ermöglicht. Da die nichtstrahlende Rekombinationsrate an den Facetten proportional zur Ladungsträgerdichte dort ist, verspricht das Verfahren eine Reduktion der Facettentemperatur. Dabei muss jedoch beachtet werden, dass auch in den elektrisch ungepumpten Bereichen die Ladungsträgerdichte durch optisches Pumpen bis etwa auf den Transparenzwert erhöht wird, siehe Bild 4.18 (b). Weiterhin wirkt sich aus diesem Grund eine starke Vergrößerung des ungepumpten Bereichs nachteilig auf die Effizienz der Laserdiode aus, da ein zunehmender Anteil der Laserleistung für das optische Pumpen dieses Bereichs benötigt wird.

Eine Bewertung dieses Effekts erfolgt in Bild 6.2 (a) für einen Betriebsstrom von 15 A und optimale Rückkopplung. Die Verringerung der Effizienz im Bereich von 20 µm bis 100 µm ist zwar deutlich erkennbar, aber die Reduktion beträgt nur etwa 0,5 %. Auffällig ist weiterhin, dass im Intervall von 0 µm bis 10 µm die Effizienz nahezu konstant ist. Dies kann darauf zurückgeführt werden, dass aufgrund der Verbreiterung des Stromdichteprofils zum Quantenfilm hin auch bei $d_{unp,f} = 10$ µm der gesamte Bereich bis zur Facette vom Strom durchflossen wird und damit nicht optisch gepumpt werden muss, Bild 6.2 (b). Erst ab einem Wert von $d_{unp,f} = 30$ µm verschwindet die Stromdichte unmittelbar an der Facette. Weiterhin wird mit zunehmendem $d_{unp,f}$ bei gegebener Stromstärke die benötigte Stromdichte vergrößert. Dies führt zu einer Erhöhung der mittleren Temperatur der Laserdiode und damit ebenfalls zu einer Reduktion der Effizienz, Bild 6.2 (c). Allerdings ist auch hier der Einfluss im betrachteten Bereich mit einer Temperaturdifferenz von weniger als 1 K vernachlässigbar klein. Ein relevanter Effekt ist hingegen bei einer Betrachtung der Facettentemperatur zu beobachten, Bild 6.2 (d). Diese kann beim Übergang von 0 µm auf 100 µm um etwa 9 K gesenkt werden. Es zeigt sich, dass ab einem Wert von $d_{unp,f} = 30$ µm die Temperatur an der Facette so stark verringert werden kann, dass diese nicht mehr dem Ort der maximalen Temperatur entspricht, vergleiche auch Bild 4.28 (a).

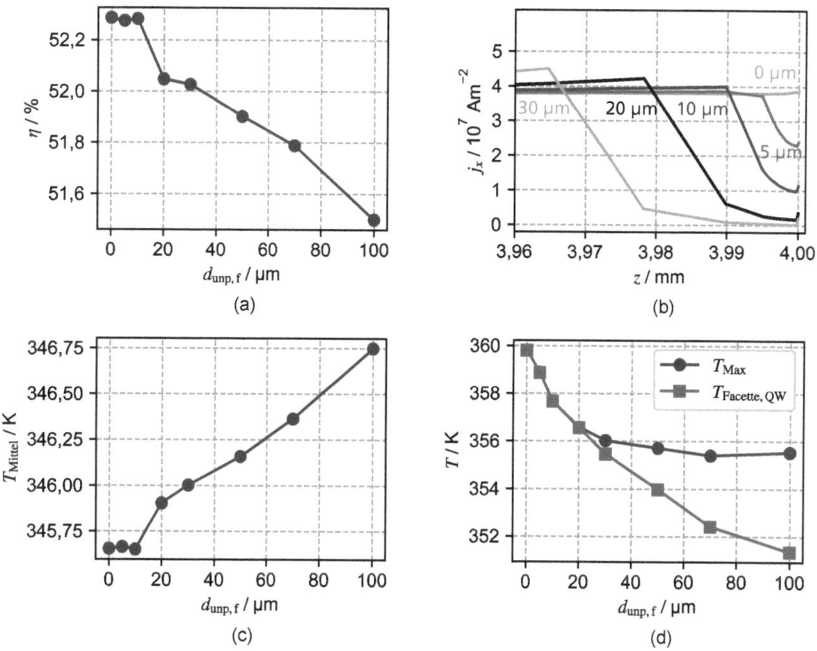

Bild 6.2: Effizienz (a), Stromdichtedichteverteilung (b), mittlere Temperatur innerhalb des Quantenfilms (c) und maximale Temperatur innerhalb des Chips sowie Temperatur der Frontfacette an der Position des Quantenfilms (d) in Abhängigkeit der Länge des ungepumpten Bereichs $d_{\mathrm{unp,f}}$ an der Frontfacette für $\Delta x_{\mathrm{FAC}} = 0$ µm bei einem Strom von 15 A.

Für eine Dejustage der FAC-Linse von $\Delta x_{\mathrm{FAC}} = -2$ µm wird der Einfluss der Länge des ungepumpten Bereichs an der Frontfacette $d_{\mathrm{unp,f}}$ auf die COD-Schwelle der Laserdiode in Bild 6.3 untersucht. Die Länge des ungepumpten Bereichs an der Rückfacette $d_{\mathrm{unp,b}}$ liegt dabei konstant bei 30 µm. Bis zu einem Wert von $d_{\mathrm{unp,f}} = 30$ µm kann durch das Einführen der ungepumpten Bereiche eine deutliche Erhöhung der COD-Schwelle um mehr als 7 % beobachtet werden, da sowohl die Stromdichte an der Facette als auch die Facettentemperatur reduziert werden, Bild 6.2 (b) und (d). Für $d_{\mathrm{unp,f}} > 30$ µm kann jedoch keine weitere Verringerung der Stromdichte mehr stattfinden und es stellt sich ein Sättigungsverhalten ein, sodass nur noch geringfügige Verbesserungen der COD-Schwelle aufgrund der weiteren Reduktion der Facettentemperatur erzielt werden können.

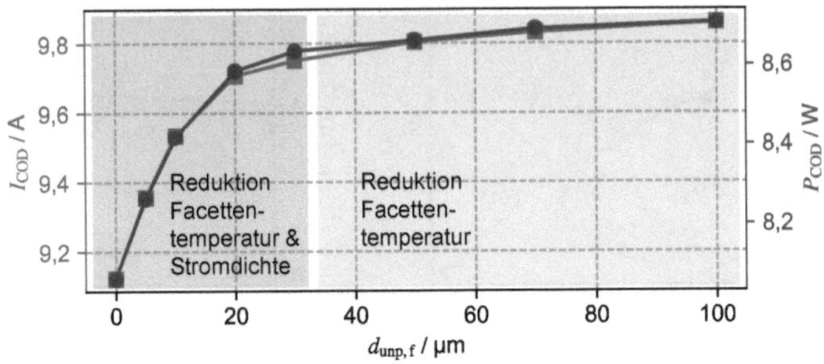

Bild 6.3: Stromstärke und Ausgangsleistung, die bei einer Dejustage der FAC-Linse von Δx_{FAC} = -2 µm zum COD führen, als Funktion der Länge des ungepumpten Bereichs $d_{unp,f}$ an der Frontfacette.

6.2 Non-Absorbing Mirror

Bei den nichtabsorbierenden Spiegeln (Non-Absorbing Mirror, NAM) [95, 96] wird die Bandlücke des Quantenfilms in der Nähe der Frontfacette vergrößert. Dies kann beispielsweise durch das Verfahren des Quantum-Well Intermixing erreicht werden. Der erste Prozessschritt besteht dabei z. B. im Aufdampfen einer dielektrischen Schicht oder der lokalen Implantation geeigneter Ionen. Die dabei entstandenen Punktdefekte diffundieren in einem folgenden Hochtemperatur-Schritt in die aktive Zone der Laserdiode und erzeugen dort die angestrebte Vergrößerung der Bandlücke [152]. Bei ausreichender Erhöhung der Bandlücke wird dieser Teil des Quantenfilms dadurch transparent für die emittierte Laserstrahlung. In Bild 6.4 (a) sind die berechneten Verstärkungsspektren der TE-Polarisation für drei verschiedene Anpassungen des Quantenfilms zusammen mit dem Verstärkungsspektrum des ursprünglichen Quantenfilms dargestellt. Die Vergrößerung der Bandlücke wird hier durch eine Verringerung des Indium-Gehalts herbeigeführt. Neben der Verschiebung zu kürzeren Wellenlängen ist eine Reduktion der Verstärkung bei konstanter Ladungsträgerdichte zu beobachten. Diese kann unter anderem auf die geringere mechanische Verspannung des Quantenfilms bei abnehmendem Indium-Gehalt zurückgeführt werden.

Bei hohen Facettentemperaturen kann auch für diese angepassten Designs durch die thermische Reduktion der Bandlücke des Halbleiters eine lokale Absorption auftreten. Dies ist in Bild 6.4 (b) für eine konstante Ladungsträgerdichte von $n = p = 3 \cdot 10^{24}$ m^{-3} und für eine Laserwellenlänge von $\lambda = 940$ nm dargestellt. Auch für die größte betrachtete Anpassung des Quantenfilms mit $\Delta E_{G,QW}$ = 180 meV wird dieser ab einer Temperatur von etwa 550 K intransparent. Es wird allerdings auch deutlich, dass diese Temperatur weit über dem Wert des ursprünglichen Quantenfilms von etwa 410 K liegt und damit das Einsetzen der positiven Rückkopplungsschleife zu höheren Betriebsströmen verschoben werden kann. Bei einsetzender Absorption wird die Ladungsträgerdichte wiederum durch optisches Pumpen auf einen Wert nahe der Transparenzladungsträgerdichte erhöht, siehe Bild 4.18 (b). Die Abnahme des Transparenzwertes mit zunehmendem $\Delta E_{G,QW}$ für gegebene Temperatur lässt ebenfalls eine geringere Akkumulation von Ladungsträgern an der Frontfacette und damit eine höhere COD-Schwelle erwarten, Bild 6.4 (c).

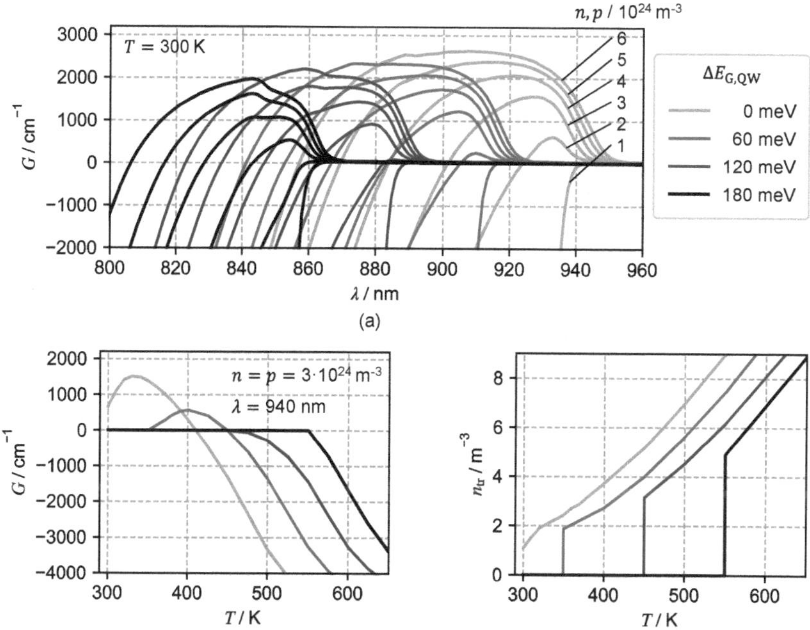

Bild 6.4: Verstärkungsspektren der TE-Polarisation in Abhängigkeit der Ladungsträgerdichte (a), optische Verstärkung (b) und Transparenzladungsträgerdichte (c) in Abhängigkeit der Temperatur jeweils für verschiedene Änderungen der Bandlücke des Quantenfilms $\Delta E_{G,QW}$.

Die COD-Schwellen werden als Stromstärke und Ausgangsleistung für eine Dejustage der FAC-Linse von Δx_{FAC} = -2 µm in Abhängigkeit der Änderung der Bandlücke im nicht-absorbierenden Spiegel berechnet, Bild 6.5. Die Ausdehnung des modifizierten Bereichs beträgt dabei konstant 30 µm, da die Auswirkungen der Oberflächenquelle im Metall auf dieses Intervall beschränkt sind, siehe Bild 5.21. Eine Änderung der Bandlücke um 60 meV bzw. 120 meV bewirkt lediglich eine geringe Zunahme der COD-Schwelle. Erst bei $\Delta E_{G,QW}$ = 180 meV kann eine deutliche Verbesserung beobachtet werden.

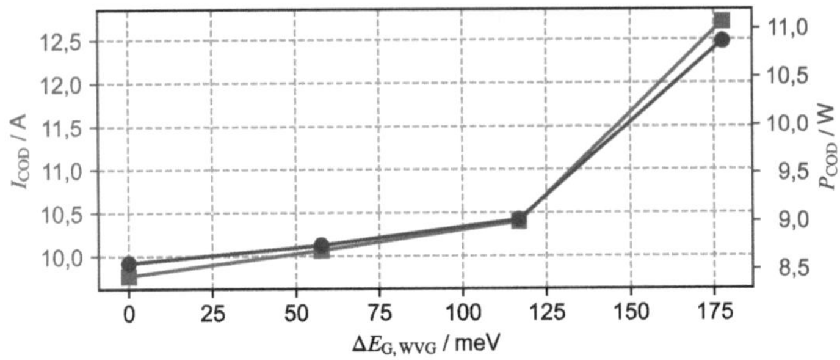

Bild 6.5: COD-Schwelle in Abhängigkeit der Änderung der Bandlücke des Quantenfilms im nichtabsorbierenden Spiegel.

Eine genauere Analyse der Simulationsergebnisse erfolgt in Bild 6.6. Leicht oberhalb der Laserschwelle kann die erwartete Reduktion der Löcherdichte in der aktiven Zone durch die lokale Vergrößerung der Bandlücke beobachtet werden, Bild 6.6 (a). Infolge der Absorption der rückgekoppelten Laserstrahlung in den Metallschichten weist das ursprüngliche Design in diesem Fall bereits eine deutlich erhöhte Löcherdichte im elektrisch ungepumpten Bereich im Vergleich zu Bild 4.18 (b) auf. Bei einem Betriebsstrom von 8,3 A tritt dieser Effekt auch für $\Delta E_{G,QW} = 60$ meV bzw. $\Delta E_{G,QW} = 120$ meV auf, Bild 6.6 (b). Anhand der Temperaturverteilung in Bild 6.6 (c) mit Werten von über 450 K an der Facette lässt sich ebenfalls erkennen, dass für diese beiden Quantenfilm-Designs der Bereich der einsetzenden Absorption erreicht wird, vgl. Bild 6.4 (b). Die Maximaltemperaturen liegen dennoch erkennbar unter der Maximaltemperatur ohne Verwendung des nichtabsorbierenden Spiegels. Die Ursache für die geringe Verbesserung der COD-Schwelle bei 60 meV bzw. 120 meV zeigt sich bei einer Betrachtung der Leckströme. Trotz der geringeren Löcherdichte im Quantenfilm tritt bei $\Delta E_{G,QW} = 60$ meV ein vergleichbarer Leckstrom im n-Wellenleiter auf wie beim ursprünglichen Design, Bild 6.6 (d). Dies kann mit der verringerten Tiefe des angepassten Quantenfilms erklärt werden, die die Struktur anfälliger für Leckströme macht. Da das Einsetzen der Leckströme, wie in Kapitel 5 ausführlich diskutiert, einen entscheidenden Beitrag zur positiven Rückkopplungsschleife beim thermischen Durchgehen liefert, verhindert dieser Effekt eine signifikante Erhöhung der COD-Schwelle für nichtabsorbierende Spiegel mit $\Delta E_{G,QW} = 60$ meV bzw. $\Delta E_{G,QW} = 120$ meV. Erst die weitere Erhöhung auf $\Delta E_{G,QW} = 180$ meV verringert die Ladungsträgerdichte an der Facette auch bei hohen Temperaturen so stark, dass die Leckströme erst bei deutlich höheren Ausgangsleistungen auftreten.

Grundsätzlich sollte bei dieser Design-Variation im betrachteten Bereich also die technologisch maximal erzielbare Änderung der Bandlücke des Quantenfilms angestrebt werden. Grenzen sind durch die technologischen Randbedingungen des Quantum-Well Intermixing, die Auswirkungen der dabei erzeugten Punktdefekte und letztlich durch die Bandlücke des Wellenleiters gegeben.

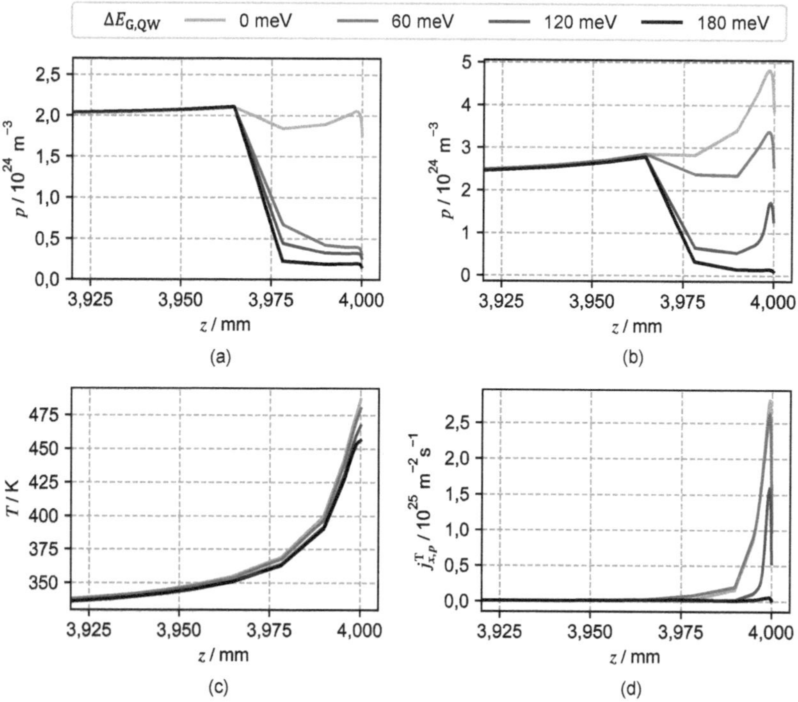

Bild 6.6: Löcherdichte innerhalb des Quantenfilms für U = 1,4 V (I = 2,2 A) (a). Löcherdichte (b) und Temperaturverteilung (c) im Quantenfilm sowie Teilchenstromdichte der Löcher bei x = 0,5 µm im n-Wellenleiter (d) für U = 1,6 V (I = 8,3 A) jeweils für verschiedene Werte von $\Delta E_{G,QW}$.

6.3 Vergrößerung der Bandlücke des Wellenleiters

Wie insbesondere in Abschnitt 5.2 beim Vergleich der beiden verschiedenen Modellansätze für das thermische Durchgehen gezeigt wurde, spielen die vertikalen Leckströme eine entscheidende Rolle in der positiven Rückkopplungsschleife, die schließlich zur katastrophalen optischen Degradation der Laserdioden führt. Die zusätzlichen Ladungsträger, die im lokal aufgeheizten Quantenfilm durch die Verschiebung des Verstärkungsspektrums erzeugt werden, diffundieren aus dem Quantenfilm heraus und rekombinieren schließlich nichtstrahlend in den Bulk-Schichten der Heterostruktur. Eine lokale Vergrößerung der Bandlücke des Wellenleiters an der Frontfacette kann diese Leckströme durch die größere Energiebarriere zwischen Quantenfilm und Wellenleiter unterbinden und damit eine Erhöhung der COD-Schwelle ermöglichen. Die Herstellung der Barriere könnte wie in Abschnitt 6.2 durch einen Intermixing-Prozess (in diesem Fall zwischen Wellenleiter- und Mantelschichten) oder durch das lokale Zurückätzen der Halbleiterstruktur und erneutes epitaktisches Wachstum einer Wellenleiterschicht mit vergrößerter Bandlücke (Regrowth-Prozess) realisiert werden [152]. Auch diese Modifikation wird auf ein

Intervall von 30 µm an der Frontfacette beschränkt. Da dieser Bereich für die betrachtete Laserdiodenstruktur D3 durch die nicht-injizierenden Spiegel mit einer Ausdehnung von ebenfalls 30 µm nicht vom Strom durchflossen wird, ergibt sich in diesem Fall durch die zusätzliche Energiebarriere auch kein Nachteil bei der Injektion der Ladungsträger in die aktive Zone. Die Leistungskennlinien werden für verschiedene Änderungen der Bandlücke des Wellenleiters $\Delta E_{\mathrm{G,WVG}}$ berechnet, Bild 6.7. Dabei wird wie in den Abschnitten zuvor von einer Dejustage der FAC-Linse von Δx_{FAC} = -2 µm ausgegangen. Es lässt sich eine deutliche Erhöhung der COD-Schwellen beobachten. Allerdings weist die Laserdiode mit der größten betrachteten Änderung der Bandlücke von $\Delta E_{\mathrm{G,WVG}}$ = 180 meV bei höheren Strömen einen deutlichen Abfall der Steigungseffizienz auf.

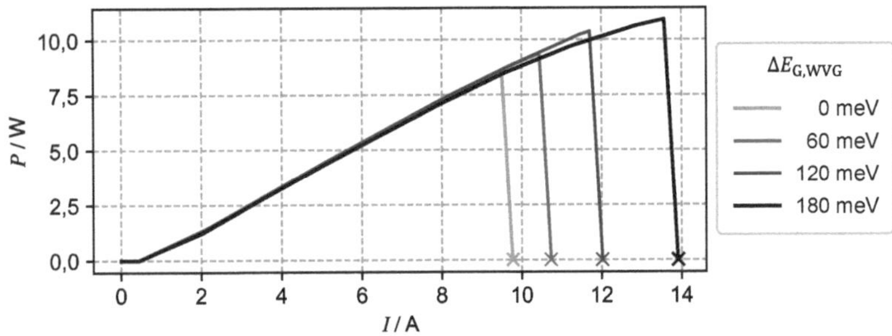

Bild 6.7: Leistungskennlinien für verschiedene Änderungen der Bandlücke im Wellenleiter $\Delta E_{\mathrm{G,WVG}}$.

Dieser Effekt ist auf die schwächere Index-Führung des Wellenleiters bzw. die bei starker Erhöhung der Bandlücke auftretende Verbreiterung des Wellenleiters an der Frontfacette zurückzuführen. Die Intensitätsverteilung des vorwärts propagierenden Feldes ist in Bild 6.8 für $\Delta E_{\mathrm{G,WVG}}$ = 180 meV dargestellt.

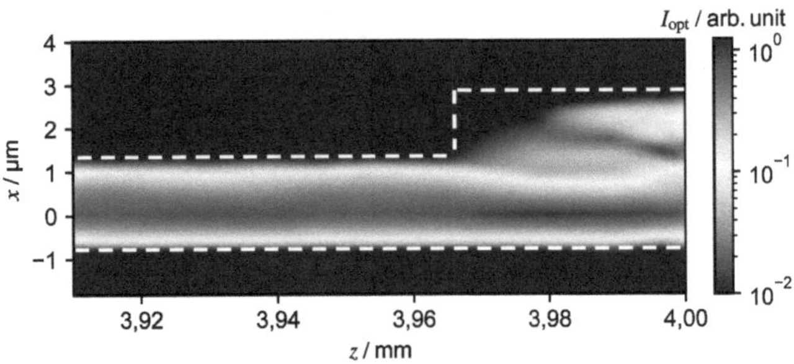

Bild 6.8: Intensitätsverteilung des vorwärts propagierenden Feldes für $\Delta E_{\mathrm{G,WVG}}$ = 180 meV, U = 1,6 V (I = 8 A). Die gestrichelten Linien deuten die Lage des Wellenleiters an.

Durch die starke Änderung der Bandlücke erstreckt sich der Wellenleiter bis in die Mantelschicht und es kommt durch Beugung zu einer Aufweitung des Nahfelds. Dies ist einerseits mit einer Verringerung der Strahlqualität entlang der Fast Axis verbunden.

Andererseits treten nach Reflexion an der Frontfacette beim Übergang zum ursprünglichen Wellenleiter Verluste durch die in der Mantelschicht propagierenden Feldanteile auf. Diese Verluste bewirken die in Bild 6.7 beobachtete Verringerung der Steigungseffizienz

Der Einfluss der Barriere auf die Nah- und Fernfeldverteilung bzw. auf das Strahlparameterprodukt der emittierten Laserstrahlung wird in Bild 6.9 betrachtet. Während für $\Delta E_{\mathrm{G,WVG}} = 60$ meV noch keine deutlichen Änderungen der Feldverteilungen auftreten und das Strahlparameterprodukt nahezu beugungsbegrenzt bleibt, kann bei $\Delta E_{\mathrm{G,WVG}} = 120$ meV bereits eine Verbreiterung des Nahfeldes zur n-Seite hin beobachtet werden. Diese geht mit einer Vergrößerung des Strahlparameterprodukts einher. Für $\Delta E_{\mathrm{G,WVG}} = 180$ meV bildet sich ein zweites Maximum in der Nah- und Fernfeldverteilung aus, das zu einer weiteren Verschlechterung der Strahlqualität führt. Zusammenfassend muss bei diesem Designvorschlag immer zwischen erzielbarer COD-Schwelle auf der einen Seite und Effizienz bzw. Strahlqualität auf der anderen Seite abgewogen werden.

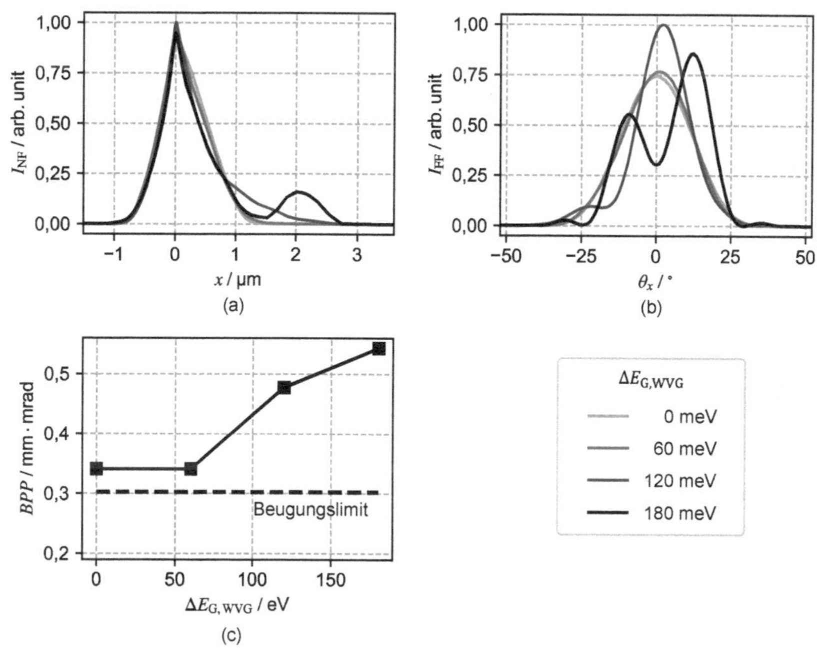

Bild 6.9: Nah- (a) und Fernfeldverteilung (b) entlang der Fast Axis für verschiedene Werte von $\Delta E_{\mathrm{G,WVG}}$, (c) Strahlparameterprodukt in Abhängigkeit von $\Delta E_{\mathrm{G,WVG}}$ (c).

6.4 Abbildende Rückkopplung ohne Bildumkehr

Durch die Ergebnisse aus Abschnitt 5.4 wird deutlich, dass die COD-Schwelle einer Laserdiode erheblich reduziert wird, sobald ein signifikanter Anteil der rückgekoppelten Strahlung auf die Metallschichten der Laserdiode trifft. Ein Konzept des externen Resonators, das weniger sensitiv gegenüber Dejustagen der optischen Elemente ist, verspricht damit eine geringere Anfälligkeit gegenüber Rückreflex-induzierter Degradation. Eine Möglichkeit zur Realisierung eines robusteren Resonators besteht in der Verwendung einer beidseitig telezentrischen abbildenden Rückkopplung ohne Bildumkehr [151], Bild 6.10. Dabei wird durch eine weitere Linse ein Bild der Nahfeldverteilung auf der Oberfläche des VBG erzeugt. Die Telezentrie des Systems wird erreicht, wenn der Abstand der beiden Linsen der Summe ihrer Brennweiten entspricht.

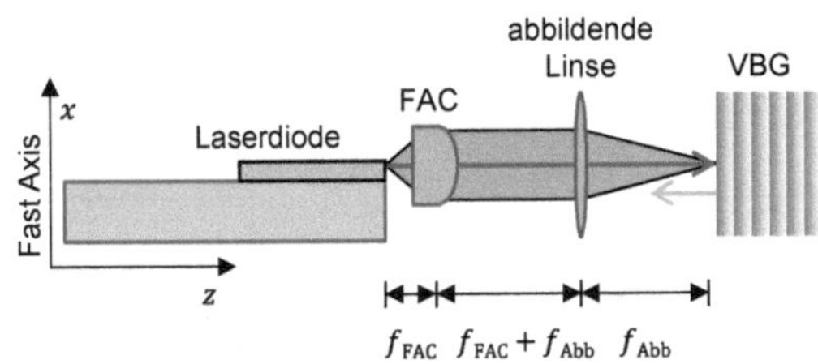

Bild 6.10: Beidseitig telezentrischer Aufbau des externen Resonators zur abbildenden Rückkopplung ohne Bildumkehr.

Da das VBG in diesem Fall nicht mehr mit einem kollimierten Strahl beleuchtet wird, muss dessen Beugungseffizienz im Winkelraum bei der Auswahl der Brennweite der abbildenden Linse beachtet werden. Diese ist in Bild 6.11 (a) zusammen mit der Intensitätsverteilung im Winkelraum für verschiedene Brennweiten f_{Abb} dargestellt.

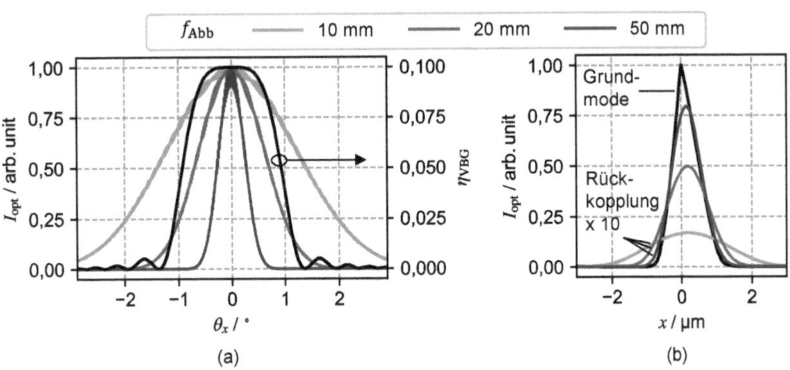

Bild 6.11: (a) Intensitätsverteilung im Winkelraum an der VBG-Oberfläche und Beugungseffizienz des VBG, (b) Grundmode des Wellenleiters und rückgekoppelte Intensitätsverteilung (multipliziert mit einem Faktor $1/R_{\mathrm{f}}^{\mathrm{ext}}$) jeweils für verschiedene Werte von f_{Abb}.

Das betrachtete VBG weist im Winkelraum nur eine Halbwertsbreite von etwa 2° auf. Diese wird bei einer Brennweite von 20 mm leicht und bei einer Brennweite von 10 mm deutlich überschritten. Neben der Reduktion der damit erzielbaren Reflektivität führt die selektive Reflexion bestimmter Winkelanteile zu einer Verbreiterung der rückgekoppelten Intensitätsverteilung, Bild 6.11 (b).

Zur Bestimmung der mindestens erforderlichen Brennweite werden in Bild 6.12 (a) der effektive Reflexionsgrad des VBG für das einfallende optische Feld und der Überlapp zwischen der zurückgekoppelten Feldverteilung und der Grundmode des Wellenleiters als Funktion der Brennweite f_{Abb} analysiert. Ab einer Brennweite von 50 mm wird die bestmögliche Rückkopplung erreicht. Die Größe des externen Resonators bis zum VBG muss dabei auf etwa 100 mm erhöht werden. Damit vergrößert sich die Ausdehnung des externen Resonators um einen Faktor 20 gegenüber dem in Bild 5.16 (a) gezeigten System. Zusätzlich wird bei diesem Ansatz hinter dem VBG eine weitere Linse zur erneuten Kollimation der austretenden Strahlung benötigt. Diese sorgt für eine weitere Vergrößerung des Aufbaus und damit insgesamt für die Einführung von zwei zusätzlichen optischen Komponenten. Bei Betrachtung der zurückgekoppelten Intensitätsverteilung für eine Brennweite von 50 mm ist keine Verschiebung oder Verformung der Nahfeldverteilung infolge der Dejustage der FAC-Linse erkennbar, Bild 6.12 (b). Die Telezentrie sorgt weiterhin dafür, dass auch die Phase des rückgekoppelten Feldes an der Facette von einer Dejustage nicht beeinflusst wird.

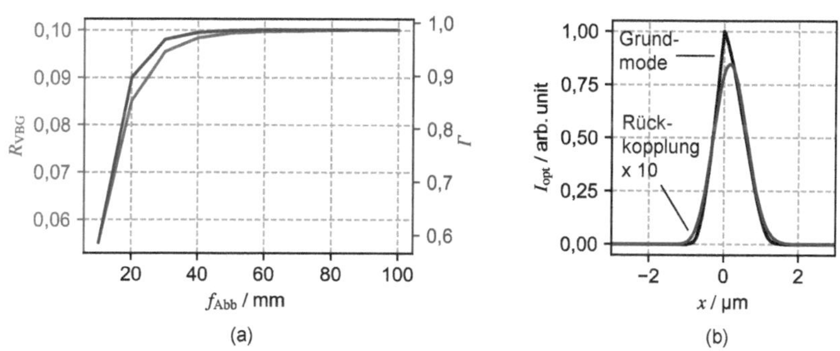

Bild 6.12: (a) Effektiver Reflexionsgrad des VBG und Überlapp-Integral zwischen rückgekoppelter Feldverteilung und Grundmode des Wellenleiters als Funktion von f_{Abb}, (b) rückgekoppelte Intensitätsverteilung (multipliziert mit einem Faktor $1/R_{\mathrm{f}}^{\mathrm{ext}}$) für f_{Abb} = 50 mm und Δx_{FAC} = -2 µm, -1 µm, 0 µm, 1 µm, 2 µm.

Die Leistungskennlinie wird für die in diesem Kapitel als Referenzwert verwendete Dejustage der FAC von Δx_{FAC} = -2 µm und mit f_{Abb} = 50 mm berechnet, Bild 6.13. Diese stimmt sehr gut mit der in Abschnitt 5.4 berechneten Kennlinie ohne Dejustage überein und weist lediglich thermisches Überrollen auf. Ein COD kann durch die Rückkopplung in den Wellenleiter, die in diesem Aufbau unabhängig von der Dejustage der FAC-Linse stattfindet, zuverlässig vermieden werden. Im Gegenzug müssen dafür allerdings ein deutlich größerer Aufbau und die Montage zweier zusätzlicher Linsen in Kauf genommen werden.

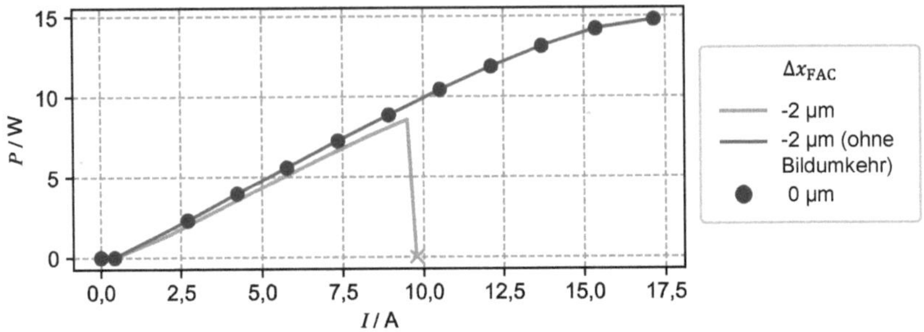

Bild 6.13: Leistungskennlinie für die abbildende Rückkopplung ohne Bildumkehr mit f_{Abb} = 50 mm bei einer Dejustage der FAC-Linse von Δx_{FAC} = -2 µm und für das ursprüngliche Resonatordesign aus Bild 5.16 (a) bei Δx_{FAC} = -2 µm und 0 µm.

6.5 Vergleich der Konzepte

Zum Abschluss dieses Kapitels werden die vorgestellten Ansätze und die damit erzielbaren COD-Schwellen verglichen. Dabei wird auch eine Kombination der in den Abschnitten 6.1 - 6.3 gezeigten Designvorschläge betrachtet. Hierzu wird ein nichtinjizierender Spiegel mit einer Länge von $d_{unp,f}$ = 100 µm zusammen mit einem nichtabsorbierenden Spiegel mit $\Delta E_{G,QW}$ = 180 meV und einer Barriere im Wellenleiter von $\Delta E_{G,WVG}$ = 120 meV verwendet. Die Änderungen der Bandlücken sind wie zuvor auf einen Bereich von 30 µm an der Frontfacette beschränkt. Der Wert für die Bandlückenänderung im Wellenleiter wird dabei auf 120 meV beschränkt, um den in Bild 6.7 und Bild 6.9 beobachteten Abfall der Effizienz bzw. der Strahlqualität zu vermeiden. Die berechnete Kennlinie ist in Bild 6.14 im Vergleich mit den jeweils einzeln betrachteten Anpassungen aus den Abschnitten 6.1 - 6.4 für Δx_{FAC} = -2 µm gezeigt.

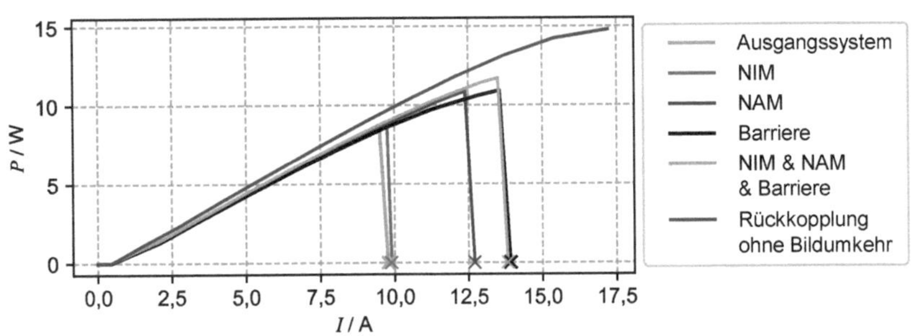

Bild 6.14: Berechnete Leistungskennlinien für das ursprüngliche System sowie die jeweils besten erzielten Ergebnisse aus den Abschnitten 6.1 - 6.4 und die Kombination von 6.1 - 6.3 jeweils für Δx_{FAC} = -2 µm.

Durch den zusätzlich eingeführten nichtabsorbierenden Spiegel kann die COD-Schwelle etwa auf die Stromstärke erhöht werden, die bei $\Delta E_{\mathrm{G,WVG}} = 180$ meV erreicht wird, jedoch ohne die dort festgestellte Reduktion der Steigungseffizienz. Weiterhin kann im Fall der abbildenden Rückkopplung ohne Bildumkehr neben der Vermeidung des COD eine höhere Effizienz durch die Rückkopplung in den Wellenleiter erzielt werden.

Zusammenfassend werden die Ergebnisse in Bild 6.15 gegenübergestellt. Während sich durch die Vergrößerung des nichtinjizierenden Spiegels von 30 µm auf 100 µm nur eine geringfügige Verbesserung der maximal möglichen Ausgangsleistung ergibt, kann durch die Einführung des nichtabsorbierenden Spiegels bzw. der Barriere im Wellenleiter eine Steigerung der Ausgangsleistung um jeweils etwa 27 % erzielt werden. Eine weitere Steigerung um 10 % ist durch die Kombination dieser Methoden möglich. Die vollständige Vermeidung einer Absorption in den Metallschichten der Struktur bei der Rückkopplung ohne Bildumkehr ermöglicht die höchsten Ausgangsleistungen verbunden mit der höchsten Effizienz, wobei die Limitierung in diesem Fall durch das thermische Überrollen gegeben ist. Weiterhin bleibt die Temperaturerhöhung an der Frontfacette durch die Einkopplung in den Wellenleiter gering, sodass dieses Design auch eine langsamere graduelle Degradation aufweisen sollte. Der Nachteil ist hier in der Komplexität und Größe des externen Resonators zu sehen.

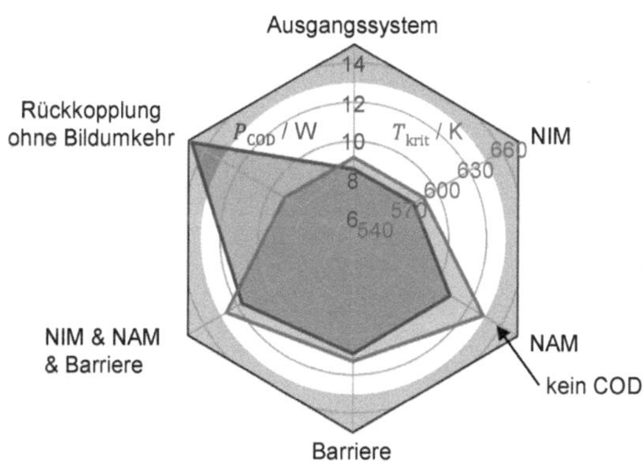

Bild 6.15: Bewertung der betrachteten Design-Ansätze anhand der maximal möglichen Ausgangsleistung bis zum Auftreten des COD und anhand der kritischen Temperatur für $\Delta x_{\mathrm{FAC}} = -2$ µm. Im grau hinterlegten Bereich tritt kein COD mehr auf.

Eine Bewertung der eigentlichen Rückreflex-Empfindlichkeit kann über den Vergleich der kritischen Temperaturen erfolgen. Diese geben die maximale Temperatur innerhalb des Halbleiterchips an, bei der noch kein thermisches Durchgehen auftritt. Die Maßnahmen aus den Abschnitten 6.1 - 6.3 zielen alle darauf ab, das Einsetzen der Rückkopplungsschleife zu höheren Ausgangsleistungen zu verschieben bzw. äquivalent dazu die kritische Temperatur zu erhöhen. Dadurch kann die Laserdiode schließlich höheren Rückreflex-Leistungen ausgesetzt werden. Auch hier zeigen sowohl die nichtabsorbierenden Spiegel als auch die Barriere im Wellenleiter ein

Verbesserungspotential gegenüber der ursprünglichen Struktur auf. Beim System mit Rückkopplung ohne Bildumkehr tritt zwar im betrachteten Fall kein COD auf, die kritische Temperatur bleibt jedoch durch die Verwendung der gleichen Heterostruktur unverändert gegenüber dem Ausgangssystem. Hier kann die kritische Temperatur als Robustheit gegenüber parasitären Reflexen z. B. vom Werkstück oder von anderen Laserdioden im System betrachtet werden, die durch den externen Resonator nicht in den Wellenleiter der Struktur abgebildet werden. Für dieses Szenario bietet die Rückkopplung ohne Bildumkehr im Gegensatz zu den nichtabsorbierenden Spiegeln und der Barriere im Wellenleiter keinen zusätzlichen Schutz der Laserdiode.

Letztlich bietet sich also für ein System, bei dem es keine Restriktionen bzgl. der Größe des externen Resonators gibt, eine Kombination der beidseitig telezentrischen abbildenden Rückkopplung ohne Bildumkehr mit den beschriebenen Verfahren aus den Abschnitten 6.1 - 6.3 an, um die Laserdiode sowohl vor Rückkopplung der eigenen Strahlung zur spektralen Stabilisierung als auch vor unbeabsichtigter Rückkopplung zu schützen. Abschließend wurde damit in diesem Kapitel die letzte der drei Forschungsfragen aus Kapitel 3 beantwortet, indem auf Basis der Erkenntnisse aus Kapitel 5 verschiedene Ansätze zum Design von Laserdioden mit geringerer Rückreflex-Empfindlichkeit analysiert und bewertet wurden.

7 Zusammenfassung und Ausblick

7.1 Zusammenfassung

Die katastrophale optische Degradation von Hochleistungslaserdioden stellt sowohl im Hinblick auf eine Skalierung der Ausgangsleistung als auch in Bezug auf die Zuverlässigkeit des Gesamtsystems eines der größten Hindernisse für die weitere Marktdurchdringung von direkten Diodenlaser-Systemen dar. Insbesondere spektral stabilisierte Laserdioden mit externer optischer Rückkopplung weisen eine große Anfälligkeit gegenüber katastrophaler Degradation auf. Ziel der vorliegenden Arbeit war die Abbildung der zugrunde liegenden physikalischen Effekte in einem numerischen Modell einer Laserdiode mit externem Resonator und die Identifikation von Halbleiterstrukturen bzw. Resonator-Konzepten, die für eine größere Robustheit von Laserdioden unter externer optischer Rückkopplung sorgen können.

Das im Rahmen dieser Arbeit entwickelte und in die Simulationssoftware SEMSIS integrierte Modell ermöglicht dabei eine selbstkonsistente Beschreibung der stationären elektrischen und optischen Eigenschaften einer Laserdiode in der vertikal-longitudinalen Ebene. Dieses Modell konnte anhand von Mess- und Simulationsdaten aus der Literatur validiert werden. Zusätzlich erlauben die Kopplung an ein dreidimensionales thermisches Modell und die Berücksichtigung verschiedener Modelle der Temperaturabhängigkeit der zugrunde liegenden Materialparameter eine Untersuchung des Einflusses inhomogener Temperaturprofile auf das elektro-optische Verhalten der Laserdiode. Ein wellenoptisches Modell des externen Resonators ermöglicht die Vorhersage der Intensitätsverteilung der zurückgekoppelten Strahlung in Abhängigkeit von möglichen Dejustagen der verwendeten optischen Komponenten. Durch die beschleunigte Berechnung dieses Modells auf einer Grafikkarte konnte auch eine Analyse der Sensitivität eines komplexen dreidimensionalen Resonators durchgeführt werden. Die Ergebnisse des Modells bzgl. der Einkoppeleffizienz verschiedener Linsen wurden experimentell bestätigt.

Eine gezielte Untersuchung des thermischen Durchgehens als zweiter Phase des COD zeigt im Vergleich mit einem anderen Modellansatz die entscheidende Bedeutung vertikaler Leckströme für die stetige Zunahme der Maximaltemperatur auf. Diese Leckströme werden von der lokal stark erhöhten Ladungsträgerdichte in der aktiven Zone der Laserdiode infolge der thermisch induzierten Verschiebung des Verstärkungsspektrums getrieben. In der Literatur sind diese Leckströme bisher nicht in eine Betrachtung des COD-Prozesses eingeflossen. Das gekoppelte elektro-opto-thermische Modell zur Beschreibung der COD-Schwelle einer Laserdiode konnte durch eine Studie mit variablem Facettenüberhang auch quantitativ verifiziert werden. Damit wurde die erste Forschungsfrage dieser Arbeit, siehe Kapitel 3, nach einem geeigneten multiphysikalischen Modell zum Abbilden der katastrophalen optischen Degradation von Hochleistungslaserdioden erfolgreich beantwortet.

Die Reduktion der COD-Schwelle durch die Absorption der zurückgekoppelten Strahlung in den Metallschichten konnte ebenfalls im Modell reproduziert werden und bestätigt qualitativ experimentelle Untersuchungen aus der Literatur. Auch in diesem Fall stellt das Einsetzen der vertikalen Leckströme den wichtigsten Teil der positiven Rückkopplungsschleife dar. Die beiden genannten Effekte, Absorption in den Metallschichten und vertikale Leckströme, sind somit als Antwort auf die zweite Forschungsfrage dieser Arbeit zu betrachten.

Abschließend wurden verschiedene Ansätze aus der Literatur sowie ein im Rahmen dieser Arbeit vorgeschlagenes, neuartiges Konzept zur Erhöhung der COD-Schwelle im Hinblick auf ihre Eignung zur Verringerung der Rückreflex-Empfindlichkeit mithilfe des entwickelten Modells analysiert. Als besonders wirksam stellte sich dabei einerseits die Verhinderung der Absorption in den Metallschichten durch eine Anpassung des externen Resonators heraus, durch die das Auftreten des COD auch bei starker Dejustage der FAC-Linse vollständig vermieden werden kann. Andererseits können Verfahren zur lokalen Erhöhung der Bandlücke der aktiven Zone (sogenannte nichtabsorbierende Spiegel, NAM) bzw. des Wellenleiters in der Nähe der Frontfacette eine erhöhte Robustheit der Laserdiode gegenüber absorbierter Strahlung in den Metallschichten ermöglichen. Dies wird im Fall der nichtabsorbierenden Spiegel durch eine Vermeidung der einsetzenden Absorption des Quantenfilms bzw. für die erhöhte Bandlücke des Wellenleiters durch die Unterdrückung der Leckströme erreicht. Eine Kombination beider Verfahren mit dem Ansatz der nichtinjizierenden Spiegel (NIM), bei dem der elektrische Stromfluss in der Nähe der Frontfacette blockiert wird, erlaubt im Modell eine Erhöhung der Ausgangsleistung um 37 % bis zum Auftreten des COD. Insbesondere durch die Vermeidung der Absorption in den Metallschichten und durch die Verringerung vertikaler Leckströme, deren Bedeutung für den COD erst im Verlauf dieser Arbeit deutlich wurde, konnten auf Basis der Simulationsergebnisse Ansätze aufgezeigt und bewertet werden, die eine erhöhte Toleranz von Hochleistungslaserdioden gegenüber Rückreflexen ermöglichen (Forschungsfrage 3).

7.2 Ausblick

Im Rahmen dieser Arbeit konnte gezeigt werden, dass der gewählte Modellansatz in der vertikal-longitudinalen Ebene das thermische Durchgehen und damit den COD abbilden kann. In zukünftigen Arbeiten verspricht insbesondere eine Fabrikation von Laserdioden mit den vorgeschlagenen Modifikationen der Epistruktur die Möglichkeit einer weiteren quantitativen Validierung bzw. Kalibrierung des Modells. Der Einfluss einer Barriere im Wellenleiter auf die COD-Schwelle kann zur experimentellen Verifikation der Bedeutung der vertikalen Leckströme genutzt werden.

Schließlich sind auch verschiedene Erweiterungen des Modells anzustreben. Eine Abbildung der zeitlichen Dynamik des COD-Prozesses in einem zeitaufgelösten Modell erlaubt eine bessere Vergleichbarkeit mit den häufig im Pulsbetrieb durchgeführten COD-Tests. Eine Berücksichtigung der lateralen Achse in einem dreidimensionalen elektro-optischen Modell kann den Einfluss der Filamentierung auf das Degradationsverhalten offenlegen. Die Kopplung an ein Quantentransportmodell zur Berechnung der Streuraten der Ladungsträger in den bzw. aus dem Quantenfilm heraus ermöglicht eine realistischere Beschreibung der Ladungsträger in der aktiven Zone. Insbesondere bei den diversen Materialparametern, die in das Modell eingehen, birgt eine detaillierte Charakterisierung dieser Eigenschaften über einen weiten Temperaturbereich das Potential, die Vorhersagekraft der vorgestellten Modelle erheblich zu verbessern und die Zahl der benötigten Kalibrationsschritte zwischen Modell und Messung zu verringern.

Anhang

A Material-Modelle

Das thermische Durchgehen wird verursacht durch eine starke Zunahme der Wärmequellen bei steigenden Temperaturen. Diese Zunahme wird bedingt durch die Temperaturabhängigkeit verschiedener Materialeigenschaften. Im Folgenden werden die im Rahmen dieser Arbeit verwendeten Modelle vorgestellt, wobei der Fokus auf dem Einfluss der Temperatur liegt. Eine ausführlichere Darstellung der Modelle und der verwendeten Materialparameter ist in [31] zu finden.

A.1 Effektive Zustandsdichte

Die effektive Zustandsdichte dient der Berechnung der Ladungsträgerdichte in den Gleichungen (4.28) und (4.29). Es lässt sich analytisch der folgende Ausdruck für ihre Temperaturabhängigkeit angeben [137]:

$$N_\mathrm{C}(T) = N_\mathrm{C}(300\,\mathrm{K}) \cdot \left(\frac{T}{300\,\mathrm{K}}\right)^{3/2}, \tag{A.1}$$

$$N_\mathrm{V}(T) = N_\mathrm{V}(300\,\mathrm{K}) \cdot \left(\frac{T}{300\,\mathrm{K}}\right)^{3/2}. \tag{A.2}$$

Für die ternären Legierungen AlGaAs und InGaAs werden die Materialparameter aus [153] verwendet, für GaAs die Parameter aus [154].

A.2 Bandlücke und intrinsische Ladungsträgerdichte

Die Bandlücke eines Halbleiters nimmt gemäß der Varshni-Formel mit zunehmender Temperatur ab [155]:

$$E_\mathrm{G}(T) = E_\mathrm{G}(0\,\mathrm{K}) - \frac{\alpha_\mathrm{V} T^2}{\beta_\mathrm{V} + T}. \tag{A.3}$$

Die für die verschiedenen Halbleitermaterialien benötigten Modellparameter und Interpolationsvorschriften für ternäre Halbleiter werden aus [156] entnommen.

Weiterhin variiert bei Veränderung der Bandlücke die Leitungs- bzw. Valenzband-Diskontinuität zwischen den verschiedenen Halbleitern innerhalb der Heterostruktur. Im Rahmen dieser Arbeit wird unabhängig von der Temperatur eine Aufteilung der Bandlückendifferenz von $2/3$ zu $1/3$ zwischen Leitungs- und Valenzband angenommen [157]. Für die Diskontinuität relativ zur Leitungsbandkante von GaAs bei 300 K ergibt sich damit:

$$\Delta E_\mathrm{C}(T) = \frac{2}{3} \cdot \left(E_\mathrm{G}(T) - E_\mathrm{G,0}(300\,\mathrm{K})\right), \tag{A.4}$$

$$\Delta E_\mathrm{V}(T) = \Delta E_\mathrm{C}(T) - E_\mathrm{G}(T), \tag{A.5}$$

mit dem Referenzwert $E_{G,0}$ von GaAs. Die intrinsische Ladungsträgerdichte kann mithilfe der Bandlücke und der effektiven Zustandsdichte berechnet werden [137]:

$$n_i(T) = \sqrt{N_C(T)N_V(T)} \cdot \exp\left(-\frac{E_G}{2k_B T}\right). \tag{A.6}$$

A.3 Ladungsträger-Mobilität

Die Mobilität der Ladungsträger wird im Wesentlichen durch die Streuung an Donator- und Akzeptoratomen sowie durch die Streuung an Phononen bestimmt. Letztere führt durch die zunehmende Anregung der Gitterschwingungen bei steigender Temperatur im Allgemeinen zu einer Abnahme der Mobilität. Zur Beschreibung der Temperaturabhängigkeit wird das in [158] vorgeschlagene Modell verwendet. Die Berechnung der Mobilität erfolgt sowohl für Elektronen als auch für Löcher nach folgendem Ausdruck:

$$\mu(T) = \mu_{min} + \frac{\mu_{max}(T) - \mu_{min}}{1 + \left(\frac{N}{N_{ref}(T)}\right)^{\alpha_\mu}}. \tag{A.7}$$

Dabei werden je nach Ladungsträgertyp unterschiedliche Werte für die Modellparameter μ_{min} und α_μ angesetzt. $N = N_D + N_A$ stellt die Gesamtdichte der Dotierungsatome dar. Die weiteren Parameter werden berechnet über:

$$\mu_{max}(T) = \mu_{max}(300\ \mathrm{K}) \cdot \left(\frac{300\ \mathrm{K}}{T}\right)^{\beta_\mu}, \tag{A.8}$$

$$N_{ref}(T) = N_{ref}(300\ \mathrm{K}) \cdot \left(\frac{T}{300\ \mathrm{K}}\right)^{\gamma_\mu}. \tag{A.9}$$

Die Werte der Modellparameter und die Interpolationsvorschriften für ternäre Halbleiter werden dabei aus [158] und [159] übernommen.

A.4 Rekombinationskoeffizienten

Die Lebensdauer von Minoritätsladungsträgern, die über Shockley-Read-Hall-Rekombination gemäß Gleichung (4.31) rekombinieren, kann in einem einfachen atomistischen Modell berechnet werden gemäß [160]:

$$\tau_{n/p}(T) = \frac{1}{\sigma_T N_T v_{n/p}(T)}, \tag{A.10}$$

mit der Querschnittsfläche der Rekombinationszentren σ_T, der Dichte der Rekombinationszentren N_T und der thermischen Geschwindigkeit der Ladungsträger $v_{n/p}$. In dieser Arbeit werden die ersten beiden genannten Parameter als temperaturunabhängig angenommen. Die thermische Geschwindigkeit lässt sich berechnen über:

$$v_{n/p}(T) = \sqrt{\frac{3k_{\mathrm{B}}T}{m_{n/p}}}, \tag{A.11}$$

mit der effektiven Masse $m_{n/p}$. Die Temperaturabhängigkeit der Lebensdauer kann damit kompakt ausgedrückt werden als:

$$\tau(T) = \tau(300\ \mathrm{K}) \cdot \sqrt{\frac{300\ \mathrm{K}}{T}}. \tag{A.12}$$

Mit zunehmender Temperatur ergibt sich also eine Abnahme der Ladungsträger-Lebensdauer infolge der erhöhten Wahrscheinlichkeit auf ein Rekombinationszentrum zu treffen. Das gleiche Modell führt zu einem ähnlichen Ausdruck für die Temperaturabhängigkeit der Oberflächenrekombinationsgeschwindigkeit in Gleichung (4.47), die aufgrund des genannten Effekts mit steigender Temperatur zunimmt:

$$v_{\mathrm{SR}}(T) = v_{\mathrm{SR}}(300\ \mathrm{K}) \cdot \sqrt{\frac{T}{300\ \mathrm{K}}}. \tag{A.13}$$

Für den Koeffizienten der spontanen Rekombination, Gleichung (4.32), wird in [86] eine Proportionalität zum Kehrwert der Temperatur angegeben, die im Rahmen dieser Arbeit übernommen wird:

$$C_{\mathrm{Sp}}(T) = C_{\mathrm{Sp}}(300\ \mathrm{K}) \cdot \frac{300\ \mathrm{K}}{T}. \tag{A.14}$$

In [161] wird für den Auger-Koeffizienten eine exponentielle Temperaturabhängigkeit aus Messergebnissen für GaAs extrahiert:

$$C_{n/p}(T) = C_{n/p}(300\ \mathrm{K}) \cdot \exp\left(\frac{T_{\mathrm{A}}}{300\ \mathrm{K}} - \frac{T_{\mathrm{A}}}{T}\right) \cdot \sqrt{\frac{T}{T_{\mathrm{A}}}}, \tag{A.15}$$

mit der Aktivierungsenergie des Auger-Prozesses $T_{\mathrm{A}} = 468{,}4$ K. Der Wurzel-Term stellt eine Korrektur für Quantenfilme dar.

A.5 Optische Verstärkung und Absorption

Zur Berechnung der optischen Verstärkung wird das in [39] vorgestellte Modell genutzt, bei dem neben der Coulomb-Wechselwirkung auch Korrelationseffekte des Elektron-Loch-Plasmas berücksichtigt werden. Auf diese Weise kann das optische Verstärkungsspektrum unter Einbeziehung aller auftretenden Vielteilchen-Quanteneffekte berechnet werden. Beispielhafte Ergebnisse für drei verschiedene Quantenfilm-Designs sind in Bild 6.4 (a) dargestellt. Die Temperaturabhängigkeit ergibt sich einerseits auf Basis der zugrunde liegenden Materialparameter, wie z. B. der Bandlücke, die in die Berechnung der Bandstruktur eingeht. Andererseits tritt eine explizite Temperaturabhängigkeit durch die Besetzung der Energiezustände in der Fermi-Dirac-Verteilung auf. Im Rahmen dieser Arbeit wird ausschließlich die optische

Verstärkung für die TE-Polarisation der Strahlung berücksichtigt, da diese in den hier untersuchten, kompressiv verspannten Quantenfilmen dominiert [39].

Abweichend davon wird in Abschnitt 4.3.4 das folgende analytische Modell für die optische Verstärkung verwendet, das eine bessere Übereinstimmung mit dem in [143] gezeigten Verlauf aufweist:

$$G(n,p,T) = G_0 \cdot \left(1 - a \cdot \exp\left(-\frac{\sqrt{np} - N_0}{N_1}\right)\right). \tag{A.16}$$

Die optische Absorption α setzt sich aus einer internen Absorption α_{int} und der Absorption durch freie Ladungsträger (Free-Carrier-Absorption) α_{FCA} zusammen:

$$\alpha = \alpha_{\text{int}} + \alpha_{\text{FCA}} \,. \tag{A.17}$$

Die interne Absorption wird durch Photonenstreuung an den Grenzflächen des Wellenleiters hervorgerufen und kann als temperaturunabhängiger Parameter zur Kalibration des Modells angesehen werden. Die Free-Carrier-Absorption lässt sich berechnen über:

$$\alpha_{\text{FCA}}(T) = \sigma_{\text{FCA},n}(T) \cdot n + \sigma_{\text{FCA},p}(T) \cdot p \,, \tag{A.18}$$

mit den Absorptionsquerschnitten für Elektronen $\sigma_{\text{FCA},n}$ und für Löcher $\sigma_{\text{FCA},p}$. Diese können mit dem Drude-Modell der freien Ladungsträger bestimmt werden [68]:

$$\sigma_{\text{FCA},n}(T) = \frac{\lambda^2 q^3}{4\pi^2 c_0^3 \sqrt{\varepsilon_\text{r}} \varepsilon_0 m_n^2} \cdot \frac{1}{\mu_n(T)}, \tag{A.19}$$

$$\sigma_{\text{FCA},p}(T) = \frac{\lambda^2 q^3}{4\pi^2 c_0^3 \sqrt{\varepsilon_\text{r}} \varepsilon_0 m_p^2} \cdot \frac{1}{\mu_p(T)}. \tag{A.20}$$

Dabei bezeichnet c_0 die Vakuumlichtgeschwindigkeit, ε_r die relative Permittivität, ε_0 die elektrische Feldkonstante und m_n bzw. m_p die effektive Masse. Die Temperaturabhängigkeit resultiert in diesem Fall aus der Temperaturabhängigkeit der Mobilitäten, siehe Anhang A.3, wodurch sich eine Zunahme der Querschnitte mit steigender Temperatur ergibt. Innerhalb des Quantenfilms wird im Rahmen dieser Arbeit ein Ausdruck mit Aktivierungsenergie für die Absorptionsquerschnitte verwendet, um das thermische Überrollen der Leistungskennlinie auf experimentelle Daten abstimmen zu können:

$$\sigma_{\text{FCA},n}(T) = \sigma_{\text{FCA},n}(300\ \text{K}) \cdot \exp\left(\frac{T_{\text{FCA}}}{300\ \text{K}} - \frac{T_{\text{FCA}}}{T}\right), \tag{A.21}$$

$$\sigma_{\text{FCA},p}(T) = \sigma_{\text{FCA},p}(300\ \text{K}) \cdot \exp\left(\frac{T_{FCA}}{300\ \text{K}} - \frac{T_{\text{FCA}}}{T}\right), \tag{A.22}$$

mit der Aktivierungsenergie $T_{\text{FCA}} = 550$ K. Dieser Ansatz lässt sich über die in [162] dargestellten Temperaturabhängigkeiten der mittels Bandstruktur-Berechnungen bestimmten Absorptionsquerschnitte begründen.

A.6 Wärmeleitfähigkeit

Für die Temperaturabhängigkeit der Wärmeleitfähigkeit wird wie in [73] und [31] ein Potenz-Ansatz verwendet:

$$\kappa(T) = \kappa(300\ \mathrm{K}) \cdot \left(\frac{T}{300\ \mathrm{K}}\right)^{\alpha_\kappa}, \tag{A.23}$$

mit dem Materialparameter α_κ. Dies führt für Halbleiter im Allgemeinen wegen $\alpha_\kappa < 0$ zu einer Abnahme der Wärmeleitfähigkeit mit zunehmender Temperatur. Die Materialparameter und das Interpolationsschema für ternäre Halbleiter werden ebenfalls aus [31] übernommen.

B Numerik

B.1 Fermi-Dirac-Integral

Das zur Berechnung der Ladungsträgerdichten in den Gleichungen (4.28) und (4.29) verwendete Fermi-Dirac-Integral der Ordnung $1/2$ ist gegeben durch:

$$F_{1/2}(y) = \frac{2}{\sqrt{\pi}} \int_0^\infty \frac{x^{\frac{1}{2}}}{\exp(x-y)+1} dx\,. \tag{B.1}$$

Zur numerischen Berechnung dieses Integrals stehen verschiedene Näherungsverfahren zur Verfügung. Im Rahmen dieser Arbeit wird zur Berechnung die folgende analytische Näherung aus [163] genutzt:

$$F_{1/2}(y) = \begin{cases} \dfrac{1}{\exp(-y)+p(y)} & , y \geq -4{,}5\,, \\ \exp(y) & , \text{sonst}, \end{cases} \tag{B.2}$$

mit

$$p(y) = 1{,}329 \cdot v(y)^{-0{,}375}\,, \tag{B.3}$$

$$v(y) = y^4 + 50 + 33{,}6 \cdot y \cdot (1 - 0{,}68 \cdot \exp(-0{,}17(y+1)^2))\,. \tag{B.4}$$

B.2 Diskretisierung der Stromdichte

Für die Diskretisierung der Stromdichte vom Kontrollvolumen k zum Kontrollvolumen l im Drift-Diffusions-Modell wird der folgende Ausdruck aus [132] übernommen:

$$j_{n,kl} = \vec{j}_{n,kl} \cdot \vec{n}_{kl} = \frac{\mu_{n,kl} k_\mathrm{B} T_{kl} g_{n,kl}}{d_{kl}} \cdot \left(n_l B(X_{n,kl}) - n_k B(-X_{n,kl})\right), \tag{B.5}$$

$$j_{p,kl} = \vec{j}_{p,kl} \cdot \vec{n}_{kl} = \frac{\mu_{p,kl} k_\mathrm{B} T_{kl} g_{p,kl}}{d_{kl}} \cdot \left(p_k B(X_{p,kl}) - p_l B(-X_{p,kl})\right), \tag{B.6}$$

mit der Bernoulli-Funktion

$$B(x) = \frac{x}{\exp(x)-1}. \tag{B.7}$$

Hierbei werden die Mobilitäten an der Grenzfläche als arithmetisches und die Temperatur als logarithmisches Mittel zwischen den beiden beteiligten Gitterpunkten berechnet:

$$\mu_{n,kl} = \frac{\mu_{n,k} + \mu_{n,l}}{2}, \tag{B.8}$$

$$\mu_{p,kl} = \frac{\mu_{p,k} + \mu_{p,l}}{2}, \tag{B.9}$$

$$T_{kl} = \frac{T_l - T_k}{\ln(T_l/T_k)}. \tag{B.10}$$

Der Diffusions-Verstärkungsfaktor wird berechnet über:

$$g_{n,kl} = \frac{\eta_{n,l} - \eta_{n,k}}{\ln\left(F_{1/2}(\eta_{n,l})/F_{1/2}(\eta_{n,k})\right)}, \tag{B.11}$$

$$g_{p,kl} = \frac{\eta_{p,l} - \eta_{p,k}}{\ln\left(F_{1/2}(\eta_{p,l})/F_{1/2}(\eta_{p,k})\right)}, \tag{B.12}$$

mit

$$\eta_n = \beta(q\phi - q\phi_n - \Delta E_\mathrm{C}), \tag{B.13}$$

$$\eta_p = \beta\left(q\phi_p - q\phi + \Delta E_\mathrm{V}\right). \tag{B.14}$$

Für die Argumente der Bernoulli-Funktion wird in [132] der folgende Ausdruck angegeben:

$$X_{n,kl} = \frac{q(\phi_l - \phi_k)}{k_\mathrm{B} T_{kl} g_{n,kl}}, \tag{B.15}$$

$$X_{p,kl} = \frac{q(\phi_l - \phi_k)}{k_\mathrm{B} T_{kl} g_{p,kl}}. \tag{B.16}$$

Zur Erweiterung des obigen Ausdrucks auf Halbleiterheterostrukturen wird wie in [132] die freie Energiedichte des Halbleiters betrachtet, die sich aus Beiträgen der Coulomb-Wechselwirkungsenergie, der Schwingungsenergie des Gitters und der Energie des quasi-freien Elektronen-Loch-Plasmas zusammensetzt:

$$f = f_\mathrm{Coulomb} + f_\mathrm{L} + f_\mathrm{e-h}. \tag{B.17}$$

Für die Coulomb-Wechselwirkungsenergie gilt:

$$\frac{\partial f_\mathrm{Coulomb}}{\partial n} = -q\phi, \tag{B.18}$$

$$\frac{\partial f_\mathrm{Coulomb}}{\partial p} = q\phi. \tag{B.19}$$

Die Schwingungsenergie des Kristallgitters ist unabhängig von den Ladungsträgerdichten:

$$\frac{\partial f_\mathrm{L}}{\partial p} = \frac{\partial f_\mathrm{L}}{\partial n} = 0. \tag{B.20}$$

Die Energie des quasi-freien Elektronen-Loch-Plasmas ergibt im wechselwirkungsfreien Fall:

$$\frac{\partial f_\mathrm{e-h}}{\partial n} = k_\mathrm{B} T F_{1/2}^{-1}\left(\frac{n}{N_\mathrm{C}(T)}\right) + \Delta E_\mathrm{C}(T), \tag{B.21}$$

$$\frac{\partial f_{\mathrm{e-h}}}{\partial p} = k_{\mathrm{B}} T F_{1/2}^{-1}\left(\frac{p}{N_{\mathrm{V}}(T)}\right) - \Delta E_{\mathrm{V}}(T)\,. \tag{B.22}$$

Die Gradienten des Quasi-Fermi-Potentials in Gleichung (4.34) bzw. (4.35) lassen sich damit nach [132] ausdrücken als:

$$\begin{aligned} -q\vec{\nabla}\phi_n &= \vec{\nabla}\frac{\partial f}{\partial n} \\ &= -q\vec{\nabla}\phi + \vec{\nabla}T\frac{\partial^2 f_{\mathrm{e-h}}}{\partial T \partial n} + k_{\mathrm{B}}T\left(\frac{d}{dx}F_{\frac{1}{2}}^{-1}(x_n)\right)\left(\frac{\vec{\nabla}n}{N_{\mathrm{C}}(T)} - \frac{n\vec{\nabla}N_{\mathrm{C}}}{N_{\mathrm{C}}(T)^2}\right) + \vec{\nabla}\big(\Delta E_{\mathrm{C}}(T)\big)\,, \end{aligned} \tag{B.23}$$

$$\begin{aligned} q\vec{\nabla}\phi_p &= \vec{\nabla}\frac{\partial f}{\partial p} \\ &= q\vec{\nabla}\phi + \vec{\nabla}T\frac{\partial^2 f_{\mathrm{e-h}}}{\partial T \partial p} + k_{\mathrm{B}}T\left(\frac{d}{dx}F_{\frac{1}{2}}^{-1}(x_p)\right)\left(\frac{\vec{\nabla}p}{N_{\mathrm{V}}(T)} - \frac{p\vec{\nabla}N_{\mathrm{V}}}{N_{\mathrm{V}}(T)^2}\right) - \vec{\nabla}\big(\Delta E_{\mathrm{V}}(T)\big)\,, \end{aligned} \tag{B.24}$$

mit $x_n = \frac{n}{N_{\mathrm{C}}(T)}$ und $x_p = \frac{p}{N_{\mathrm{V}}(T)}$. Einsetzen in die Gleichung für die Stromdichte (4.34) ergibt unter Berücksichtigung von $\frac{\partial^2 f_{\mathrm{e-h}}}{\partial T \partial n} = qP_n$:

$$\begin{aligned} \vec{j}_n &= -\sigma_n\vec{\nabla}\phi + \frac{\sigma_n k_{\mathrm{B}}T}{q}\left(\frac{d}{dx}F_{\frac{1}{2}}^{-1}(x_n)\right)\left(\frac{\vec{\nabla}n}{N_{\mathrm{C}}(T)} - \frac{n\vec{\nabla}N_{\mathrm{C}}}{N_{\mathrm{C}}(T)^2}\right) + \frac{\sigma_n\vec{\nabla}(\Delta E_{\mathrm{C}}(T))}{q} \\ &= -\sigma_n\left(\vec{\nabla}\phi + \frac{k_{\mathrm{B}}T}{q}\left(x_n\frac{d}{dx}F_{\frac{1}{2}}^{-1}(x_n)\right)\frac{\vec{\nabla}N_{\mathrm{C}}}{N_{\mathrm{C}}(T)} - \frac{\vec{\nabla}\big(\Delta E_{\mathrm{C}}(T)\big)}{q}\right) \\ &\quad + \mu_n k_{\mathrm{B}}T\left(x_n\frac{d}{dx}F_{\frac{1}{2}}^{-1}(x_n)\right)\vec{\nabla}n\,. \end{aligned} \tag{B.25}$$

Unter Einführung des Diffusions-Verstärkungsfaktors $g_n = x_n\frac{d}{dx}F_{\frac{1}{2}}^{-1}(x_n)$ und der Diffusionskonstante $D_n = g_n\mu_n k_{\mathrm{B}}T/q$ lässt sich die Gleichung kompakt ausdrücken als:

$$\vec{j}_n = -\sigma_n\left(\vec{\nabla}\phi + \frac{k_{\mathrm{B}}T}{q}g_n\vec{\nabla}\ln\left(\frac{N_{\mathrm{C}}}{N_{\mathrm{Log}}}\right) - \frac{\vec{\nabla}(\Delta E_{\mathrm{C}}(T))}{q}\right) + qD_n\vec{\nabla}n\,. \tag{B.26}$$

Mit einer beliebig gewählten Konstante N_{Log}, um das Argument des Logarithmus dimensionslos zu machen. Da bei der Herleitung der Diskretisierung in [132] der Diffusions-Verstärkungsfaktor und die Temperatur nach Gleichung (B.10) - (B.12) als konstant entlang der Verbindungslinie zwischen beiden Gitterpunkten angenommen werden, kann der Ausdruck weiter vereinfacht werden zu

$$\vec{j}_n = -\sigma_n\vec{\nabla}\left(\phi + \frac{k_{\mathrm{B}}T}{q}g_n\ln\left(\frac{N_C}{N_{\mathrm{Log}}}\right) - \frac{\Delta E_{\mathrm{C}}(T)}{q}\right) + qD_n\vec{\nabla}n \tag{B.27}$$

$$= -\sigma_n \vec{\nabla}(\phi + \phi_\mathrm{C}) + qD_n \vec{\nabla} n\,.$$

Hierbei wurde wie in [31] das effektive Potential der Elektronen

$$\phi_\mathrm{C} = \frac{k_\mathrm{B} T}{q} g_n \ln\left(\frac{N_\mathrm{C}}{N_\mathrm{Log}}\right) - \frac{\Delta E_\mathrm{C}(T)}{q} \tag{B.28}$$

eingeführt, das zusätzliche Beiträge zur Stromdichte infolge der Inhomogenitäten der Heterostruktur bewirkt. Analog zur Herleitung oben für die Stromdichte der Elektronen lässt sich die Stromdichte der Löcher mit Gleichung (B.24) ausdrücken als:

$$\vec{\jmath}_p = -\sigma_p \vec{\nabla}(\phi + \phi_\mathrm{V}) - qD_p \vec{\nabla} p\,, \tag{B.29}$$

mit $g_p = x_p \frac{d}{dx} F_{\frac{1}{2}}^{-1}(x_p)$, $D_p = g_p \mu_p k_\mathrm{B} T/q$ und dem effektiven Potential der Löcher

$$\phi_\mathrm{V} = -\frac{k_\mathrm{B} T}{q} g_p \ln\left(\frac{N_\mathrm{V}}{N_\mathrm{Log}}\right) - \frac{\Delta E_\mathrm{V}(T)}{q}\,. \tag{B.30}$$

Damit kann die weitere Herleitung der Diskretisierungsvorschrift für die Stromdichte wie in [132] durchgeführt werden, wenn das elektrostatische Potential durch die Summe aus elektrostatischem und effektivem Potential ersetzt wird. Für die Argumente der Bernoulli-Funktion ergibt sich damit:

$$X_{n,kl} = \frac{q\left(\phi_l + \phi_{\mathrm{C},l} - \phi_k - \phi_{\mathrm{C},k}\right)}{k_\mathrm{B} T_{kl} g_{n,kl}}\,, \tag{B.31}$$

$$X_{p,kl} = \frac{q\left(\phi_l + \phi_{\mathrm{V},l} - \phi_k - \phi_{\mathrm{V},k}\right)}{k_\mathrm{B} T_{kl} g_{p,kl}}\,. \tag{B.32}$$

B.3 Wide-Angle Beam Propagation Method

Zur wellenoptischen Beschreibung der Propagation durch die Wellenleiterstruktur des Halbleiterchips wird wie in [31] die Wide-Angle Beam Propagation Method verwendet. Dabei wird das monochromatische elektrische Feld der Frequenz ω in eine langsam veränderliche Einhüllende ψ und entsprechende Phasenterme aufgespalten:

$$E_{\omega,\nu}(x,y,z,t) = \psi_\nu(x,y,z) \exp(ik_\mathrm{ref} z - i\omega t)\,, \tag{B.33}$$

mit dem Referenzwellenvektor k_ref und der Polarisation $\nu \in \{x,y\}$. Nach Einsetzen dieses Ansatzes in die Helmholtz-Gleichung kann der folgende Ausdruck zur Bestimmung der Einhüllenden am Ort $z + \Delta z$ aus der Einhüllenden am Ort z hergeleitet werden [31]:

$$\left(1 - \alpha\left(\sqrt{1+X} - 1\right)\right) \psi_\nu(x,y,z+\Delta z) = \left(1 + \alpha\left(\sqrt{1+X} - 1\right)\right) \psi_\nu(x,y,z)\,, \tag{B.34}$$

mit $\alpha = ik_\mathrm{ref}\Delta z/2$ und dem Operator X, der definiert ist als:

$$X_{\mu\nu}\psi_\nu = \frac{1}{k_\mathrm{ref}^2}\left(k_0^2\left(n_{\mu\nu}^2 - n_\mathrm{ref}^2 \delta_{\mu\nu}\right)\psi_\nu + \partial_{ii}\psi_\mu - \partial_\mu \partial_i \psi_i + \partial_\mu\left(\frac{1}{n_{zz}^2} \partial_j\left(n_{j\nu}^2 \psi_\nu\right)\right)\right), \tag{B.35}$$

mit $k_0 = 2\pi/\lambda$. Dabei gilt $\mu, i, j \in \{x, y\}$ und es wird die einsteinsche Summenkonvention verwendet. $n_{\mu\nu}$ stellt den Brechungsindex-Tensor, $\delta_{\mu\nu}$ das Kronecker-Delta und n_{ref} den zu k_{ref} korrespondierenden Referenzindex dar. Im Rahmen der Padé-Näherung wird der Wurzel-Ausdruck des Operators X als eine rationale Funktion angenähert:

$$\sqrt{1+X} - 1 \approx \frac{N_m(X)}{D_n(X)}, \tag{B.36}$$

mit dem Grad m des Zähler- und n des Nenner-Polynoms. Im Rahmen dieser Arbeit werden die komplexen Näherungen aus [140] genutzt, da diese auch die Dämpfung evaneszenter Moden korrekt beschreiben können. Einsetzen in Gleichung (B.34) führt zu folgendem Ausdruck:

$$\big(D_n(X) - \alpha N_m(X)\big)\psi(x, y, z + \Delta z) = \big(D_n(X) + \alpha N_m(X)\big)\psi(x, y, z)\,. \tag{B.37}$$

Werden die entstehenden Polynome wiederum als Produkt von Termen erster Ordnung ausgedrückt, kann das Verfahren für höhere Ordnungen über schrittweises Lösen linearer Gleichungssysteme erfolgen [164]:

$$\left(\prod_i (1 + \xi_i X)\right)\psi(x, y, z + \Delta z) = \left(\prod_i (1 + \zeta_i X)\right)\psi(x, y, z)\,. \tag{B.38}$$

Die Koeffizienten ξ_i bzw. ζ_i ergeben sich dabei durch die Faktorisierung der Ausdrücke in Gleichung (B.37).

Höhere Ordnungen der Padé-Näherung erlauben in zunehmendem Maße die verlustfreie Propagation von Feldverteilungen, deren effektiver Index vom gewählten Referenzindex n_{ref} abweicht bzw. äquivalent dazu die Propagation von Feldanteilen unter größeren Winkeln zur Ausbreitungsrichtung [165]. Wird eine zu niedrige Ordnung gewählt, treten numerische Verluste auf. Zur Bestimmung der in dieser Arbeit benötigten Ordnung wird die Propagation der drei Moden der vertikalen Wellenleiterstruktur, siehe Bild 4.21 (b), mit dem Referenzindex der Grundmode analysiert. Die Ergebnisse für die dritte Wellenleiter-Mode sind in Bild B.1 für die Padé-Näherungen der Ordnung (1,1) und (3,3) dargestellt. Während im ersten Fall die numerischen Verluste so stark sind, dass die Feldverteilung nach etwa 1 mm nahezu vollständig gedämpft wird, kann für die höhere Ordnung weder ein Leistungsverlust noch eine Änderung der Form der Feldverteilung beobachtet werden.

Die berechneten numerischen Verluste α_{num} der höheren Moden sind in Bild B.2 in Abhängigkeit der Ordnung der Padé-Näherung gezeigt. Bereits für die Ordnung (2,2) liegen die Verluste in der Größenordnung von 0,1 m^{-1} und damit mehrere Größenordnungen unterhalb der physikalisch auftretenden Verluste wie der Free-Carrier-Absorption. Aus diesem Grund wird im Rahmen dieser Arbeit auf die Padé-Näherung der Ordnung (2,2) zurückgegriffen. Der hier nicht dargestellte Verlust der Grundmode liegt in allen Fällen bei weniger als 10^{-15} m^{-1}.

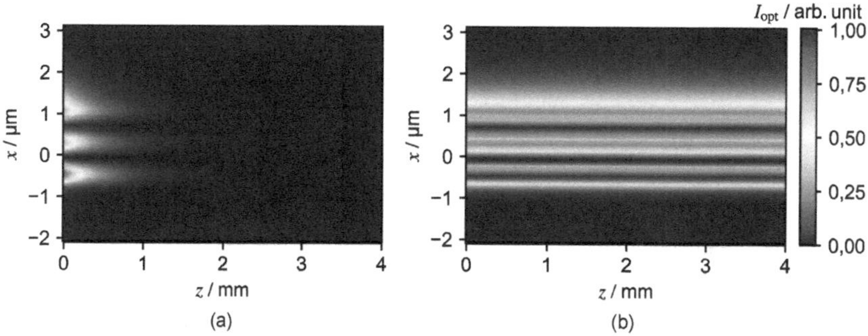

Bild B.1: Propagation der dritten Wellenleiter-Mode berechnet mit der Padé-Näherung der Ordnung (1,1) (a) bzw. mit der Padé-Näherung der Ordnung (3,3) (b).

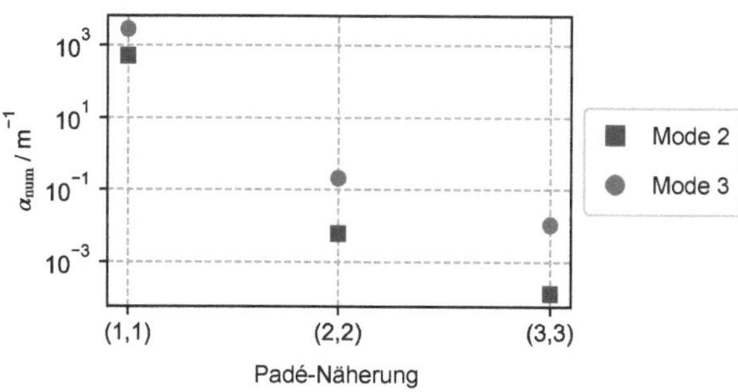

Bild B.2: Numerischer Verlust bei Propagation der höheren Wellenleiter-Moden für verschiedene Ordnungen der Padé-Näherung.

C Theorie der gekoppelten Wellen

Der Reflexionsgrad im Ortsfrequenzraum für ein Reflexionsgitter der Dicke d_{VBG} mit Brechungsindex n_{VBG}, in dem keine Absorption vorliegt, kann im Rahmen der Theorie der gekoppelten Wellen folgendermaßen ausgedrückt werden [117, 118]:

$$R_{\mathrm{VBG}}(k_x, k_y) = -i\kappa_{\mathrm{CWT}}\zeta\,. \tag{C.1}$$

Der entsprechende Transmissionsgrad ist gegeben durch:

$$\begin{aligned} T_{\mathrm{VBG}}(k_x, k_y) &= \left(\frac{{\kappa_{\mathrm{CWT}}}^2}{\gamma_2-\gamma_1}\zeta + \frac{\gamma_2}{\gamma_2-\gamma_1}\right)\exp(\gamma_1 d_{\mathrm{VBG}}) + \\ &\quad \left(1-\frac{{\kappa_{\mathrm{CWT}}}^2}{\gamma_2-\gamma_1}\zeta - \frac{\gamma_2}{\gamma_2-\gamma_1}\right)\exp(\gamma_2 d_{\mathrm{VBG}})\,. \end{aligned} \tag{C.2}$$

Die enthaltenen Größen sind durch folgende Gleichungen definiert:

$$\zeta = \left(i\vartheta + c_{\mathrm{s}}\frac{\gamma_1\exp(\gamma_2 d_{\mathrm{VBG}}) - \gamma_2\exp(\gamma_1 d_{\mathrm{VBG}})}{\exp(\gamma_2 d_{\mathrm{VBG}}) - \exp(\gamma_1 d_{\mathrm{VBG}})}\right)^{-1}, \tag{C.3}$$

$$\gamma_{1/2} = -\frac{i}{2}\frac{\vartheta}{c_{\mathrm{s}}} \pm \frac{i}{2}\sqrt{\left(\frac{\vartheta}{c_{\mathrm{s}}}\right)^2 + \frac{4{\kappa_{\mathrm{CWT}}}^2}{c_{\mathrm{s}}}}, \tag{C.4}$$

$$\kappa_{\mathrm{CWT}} = \frac{k\delta n_{\mathrm{VBG}}}{2}, \tag{C.5}$$

$$\vartheta = \vec{K}\cdot\frac{\vec{k}}{k} - \frac{K^2}{2kn_{\mathrm{VBG}}}, \tag{C.6}$$

$$c_{\mathrm{s}} = 1 - \frac{\vec{K}\cdot\vec{k}}{n_{\mathrm{VBG}}k^2}, \tag{C.7}$$

mit dem mittleren Brechungsindex des Gitters n_{VBG} und der Amplitude der Brechungsindexmodulation δn_{VBG}. Der Wellenvektor im Glas ist gegeben durch:

$$\vec{k} = \begin{pmatrix} k_x \\ k_y \\ \sqrt{(2\pi n_{\mathrm{VBG}}/\lambda)^2 - k_x^2 - k_y^2} \end{pmatrix}. \tag{C.8}$$

Der Gittervektor zeigt in Richtung der periodischen Modulation des Gitters. Der Betrag des Vektors ist festgelegt über:

$$K = 2\pi/\Lambda\,, \tag{C.9}$$

mit der Gitterperiode Λ.

D Struktur- und Simulationsparameter

D.1 Strukturparameter

Tabelle D.1: Parameter der verschiedenen untersuchten Laserdiodenstrukturen. Alle Laserdioden verwenden die gleiche Epistruktur und nutzen einen einzelnen Quantenfilm als Aktivschicht.

	Symbol	D1	D2	D3
Kapitel		4	5.2, 5.3	5.4, 6
Länge des Chips	L_{D}	4 mm	5 mm	4 mm
Breite des Chips	w_{D}	600 µm	600 µm	600 µm
Breite des Injektions-streifens	w_{inj}	100 µm	130 µm	100 µm
Länge der ungepumpten Bereiche	$d_{\mathrm{unp,b}}$ $d_{\mathrm{unp,f}}$	50 µm	50 µm	30 µm
Reflektivität der Frontfacette	R_{f}	2 % (4.3.1, 4.3.3) 0,5 % (4.3.2, 4.3.3)	2 %	0,5 %
Reflektivität der Rückfacette	R_{b}	98 %	98 %	98 %
externe Reflektivität	$R_{\mathrm{f}}^{\mathrm{ext}}$	keine (4.3.1) 4 % (4.3.2) keine, 2 % (4.3.3)	keine	10 %

Tabelle D.2: Parameter der Wärmesenke.

Parameter	Symbol	Wert
Material		AlN
Höhe	$L_{\mathrm{Sub},x}$	380 µm
Breite	$L_{\mathrm{Sub},y}$	1,5 mm
Länge	$L_{\mathrm{Sub},z}$	5,4 mm
Facetten-Überhang	d_{ov}	10 µm

Tabelle D.3: Komponenten des externen optischen Resonators.

Parameter	Wert
Brennweite der FAC	1,1 mm
Bragg-Wellenlänge des VBG	945 nm (Abschnitt 4.3.3) 938 nm (Abschnitt 6.4)
Ausrichtung des VBG	$\frac{\boldsymbol{K}}{K} = \begin{pmatrix} 0 \\ 0 \\ 1 \end{pmatrix}$
Dicke des VBG	1,1 mm
Abstand Laserdiode zu VBG	5 mm

Tabelle D.4: Epistruktur der Laserdiode aus [125, 126] zur Validierung in Abschnitt 4.3.4.

Schicht	Material	Dicke / nm	Dotierung / m^{-3}
1	$Al_{0,25}Ga_{0,75}As$	200	10^{24} (n)
2	$Al_{0,25}Ga_{0,75}As$	100	$5 \cdot 10^{23}$ (n)
3	GaAs	100	$5 \cdot 10^{23}$ (n)
4	GaAs	200	$2 \cdot 10^{23}$ (n)
5	GaAs	300	10^{23} (n)
6	GaAs	1300	10^{22} (n)
7	GaAs	10	0
8	$In_{0,29}Ga_{0,71}As$	7	0
9	GaAs	50	0
10	$In_{0,29}Ga_{0,71}As$	7	0
11	GaAs	50	0
12	$In_{0,29}Ga_{0,71}As$	7	0
13	GaAs	50	0
14	$In_{0,29}Ga_{0,71}As$	7	0
15	GaAs	10	0
16	GaAs	100	10^{22} (p)
17	GaAs	700	$5 \cdot 10^{22}$ (p)
18	GaAs - $Al_{0,25}Ga_{0,75}As$	1500	$(0,1 - 2) \cdot 10^{24}$ (p)
19	$Al_{0,25}Ga_{0,75}As$	25	$2 \cdot 10^{24}$ (p)

D.2 Simulationsparameter

Tabelle D.5: Parameter für die elektro-optischen und elektro-opto-thermischen Simulationen in der vertikal-longitudinalen Ebene. * Kalibrationsparameter zur Anpassung an Messdaten

Parameter	Symbol	Wert	Quelle
relative Toleranz der optischen Iteration	$\varepsilon_{\mathrm{Ph}}$	$5 \cdot 10^{-3}$	-
absolute Toleranz der thermischen Iteration	ε_T	0,1 K (5.2, 5.3) 1 K (4, 5.4, 6)	-
Abbruchtemperatur der Iteration	T_{Stop}	1000 K	-
interner optischer Absorptionskoeffizient	α_{int}	$0\ \mathrm{m}^{-1}$	-
Resonator-Selektivität	β_{Sp}	10^{-4}	[86]
Kühler-Temperatur	T_{C}	293 K	-
Wärmeübergangskoeffizient	h_{C}	$6 \cdot 10^{4}\ \mathrm{Wm^{-2}K^{-1}}$	*
Oberflächenrekombinations-geschwindigkeit	$v_{\mathrm{SR}}(300\ \mathrm{K})$	$4 \cdot 10^{3}\ \mathrm{ms^{-1}}$	[54]
Ladungsträger-Lebensdauer	$\tau_{n/p}(300\ \mathrm{K})$	1 ns	[133]
Koeffizient der spontanen Rekombination im Quantenfilm	$C_{\mathrm{Sp}}(300\ \mathrm{K})$	$10^{-16}\ \mathrm{m^3s^{-1}}$	[143]
Koeffizient der spontanen Rekombination außerhalb des Quantenfilms	$C_{\mathrm{Sp}}(300\ \mathrm{K})$	$2 \cdot 10^{-16}\ \mathrm{m^3s^{-1}}$	*
Koeffizient der Auger-Rekombination	$C_{n/p}(300\ \mathrm{K})$	$2{,}1 \cdot 10^{-42}\ \mathrm{m^6s^{-1}}$	[166]
Querschnitt der Free-Carrier-Absorption	$\sigma_{\mathrm{FCA},n}(300\ \mathrm{K})$ $\sigma_{\mathrm{FCA},p}(300\ \mathrm{K})$	$4 \cdot 10^{-22}\ \mathrm{m^2}$ $12 \cdot 10^{-22}\ \mathrm{m^2}$	[126]
Temperaturkoeffizient der Auger-Rekombination	T_{A}	468,4 K	[161]
Temperaturkoeffizient der Free-Carrier-Absorption	T_{FCA}	550 K	*

Tabelle D.6: Parameter für die Simulationen in Abschnitt 5.2.1 mit dem Modell innerhalb der Quantenfilm-Ebene. * Kalibrationsparameter zur Anpassung an Messdaten

Parameter	Symbol	Wert	Quelle
Anzahl der Resonator-Umläufe	N_{Rtp}	500	-
Anzahl der Resonator-Umläufe zur Mittelung der Wärmequellen	N_{th}	50	-
interner optischer Absorptionskoeffizient	α_{int}	0 m^{-1}	-
Kühler-Temperatur	T_{C}	293 K	-
Wärmeübergangskoeffizient	h_{C}	$6\cdot10^{4}\,\mathrm{Wm^{-2}K^{-1}}$	*
Ladungsträger-Lebensdauer	$\tau_{n/p}(300\ \mathrm{K})$	1 ns	[133]
Koeffizient der spontanen Rekombination	$C_{\mathrm{Sp}}(300\ \mathrm{K})$	$10^{-16}\,\mathrm{m^3s^{-1}}$	[143]
Koeffizient der Auger-Rekombination	$C_{n/p}(300\ \mathrm{K})$	$2{,}1\cdot10^{-42}\,\mathrm{m^6s^{-1}}$	[166]
Querschnitt der Free-Carrier-Absorption im Quantenfilm	$\sigma_{\mathrm{FCA}}(300\ \mathrm{K})$	$12\cdot10^{-22}\,\mathrm{m^2}$	[126]
Temperaturkoeffizient der Auger-Rekombination	T_{A}	468,4 K	[161]
Temperaturkoeffizient der Free-Carrier-Absorption	T_{FCA}	550 K	*
Ladungsträger-Diffusionskoeffizient	D	$3{,}3\cdot10^{-3}\,\mathrm{m^2s^{-1}}$	[167]
Injektionseffizienz	η_{inj}	1	*
Ladungsträger-induzierte Änderung des Brechungsindex	$\delta n_{\mathrm{opt},n}$	$-2\cdot10^{-26}\,\mathrm{m^3}$	[31]
thermisch induzierte Änderung des Brechungsindex	$\delta n_{\mathrm{opt},T}$	$3\cdot10^{-4}\,\mathrm{K^{-1}}$	[168]
Leistung der Hintergrundwärmequelle	P_{Back}	6 W	*
Free-Carrier-Absorption im Wellenleiter	$\alpha_{\mathrm{FCA,WVG}}$	15 m^{-1}	*

Tabelle D.7: Parameter für die Simulation zur Validierung in Abschnitt 4.3.4. * Kalibrationsparameter zur Anpassung an Mess- bzw. Simulationsdaten

Parameter	Symbol	Wert	Quelle
relative Toleranz der optischen Iteration	$\varepsilon_{\mathrm{Ph}}$	$5 \cdot 10^{-3}$	-
interner optischer Absorptionskoeffizient	α_{int}	$150\ \mathrm{m}^{-1}$	*
Resonator-Selektivität	β_{Sp}	10^{-4}	[86]
Temperatur	T	300 K	-
Oberflächenrekombinations-geschwindigkeit	$v_{\mathrm{SR}}(300\ \mathrm{K})$	$0\ \mathrm{ms}^{-1}$	-
Ladungsträger-Lebensdauer im Quantenfilm	$\tau_{n/p}(300\ \mathrm{K})$	2 ns	[143]
Ladungsträger-Lebensdauer außerhalb des Quantenfilms	$\tau_{n/p}(300\ \mathrm{K})$	100 ns	[143]
Koeffizient der spontanen Rekombination im Quantenfilm	$C_{\mathrm{Sp}}(300\ \mathrm{K})$	$6 \cdot 10^{-16}\ \mathrm{m}^3\mathrm{s}^{-1}$	*
Koeffizient der spontanen Rekombination außerhalb des Quantenfilms	$C_{\mathrm{Sp}}(300\ \mathrm{K})$	$10^{-16}\ \mathrm{m}^3\mathrm{s}^{-1}$	[143]
Koeffizient der Auger-Rekombination im Quantenfilm	$C_{n/p}(300\ \mathrm{K})$	$5 \cdot 10^{-42}\ \mathrm{m}^6\mathrm{s}^{-1}$	[143]
Koeffizient der Auger-Rekombination außerhalb des Quantenfilms	$C_{n/p}(300\ \mathrm{K})$	$1{,}5 \cdot 10^{-42}\ \mathrm{m}^6\mathrm{s}^{-1}$	[143]
Querschnitt der Free-Carrier-Absorption	$\sigma_{\mathrm{FCA},n}(300\ \mathrm{K})$ $\sigma_{\mathrm{FCA},p}(300\ \mathrm{K})$	$4 \cdot 10^{-22}\ \mathrm{m}^2$ $12 \cdot 10^{-22}\ \mathrm{m}^2$	[143]
Mobilität der Löcher	μ_p	Daten aus [143]	[143]
Parameter des Modells der optischen Verstärkung, Gleichung (A.16)	G_0	$4{,}96 \cdot 10^5\ \mathrm{m}^{-1}$	*
	a	4,4	*
	N_0	$-1{,}15 \cdot 10^{24}\ \mathrm{m}^{-3}$	*
	N_1	$1{,}51 \cdot 10^{24}\ \mathrm{m}^{-3}$	*

E Literaturverzeichnis

[1] Kaifuchi, Y.; Yoshida, K.; Yamagata, Y.; Nogawa, R.; Yamada, Y.; Yamaguchi, M.: Enhanced power conversion efficiency in 900-nm range single emitter broad stripe laser diodes maintaining high power operability. In: Proc. SPIE 10900, High-Power Diode Laser Technology XVII (2019), S. 60-65, DOI: 10.1117/12.2509184.

[2] Karow, M. M.; Kaul, T.; Knigge, S.; Maaßdorf, A.; Erbert, G.; Strohmaier, S. G.; Crump, P.: Long-resonator laser-diode bars for efficient kW emission. In: European Conference on Lasers and Electro-Optics and European Quantum Electronics Conference, Optical Society of America (2017), CB_7_3, DOI: 10.1109/CLEOE-EQEC.2017.8086372.

[3] Crump, P.; Hasler, K.-H.; Wenzel, H.; Knigge, S.; Bugge, F.; Erbert, G.: High efficiency, 8W narrow-stripe broad-area lasers with in-plane beam-parameter-product below 2 mm mrad. In: Conference on Lasers and Electro-Optics - International Quantum Electronics Conference, Optical Society of America (2013), CB_9_1, DOI: 10.1109/CLEOE-IQEC.2013.6800731.

[4] Zorn, M.; Hülsewede, R.; Schulze, H.; Sebastian, J.; Hennig, P.; Schröder, D.: JENOPTIK diode lasers and bars optimized for high-power applications in the NIR range. In: Proc. SPIE 7583, High-Power Diode Laser Technology and Applications VIII (2010), S. 275-284, DOI: 10.1117/12.843508.

[5] Kanskar M.; Keeney S.; Martinsen R.: Laser Diodes: The power of brilliance - the past and future of high-power semiconductor lasers, 18.01.2018. URL: https://www.laserfocusworld.com/lasers-sources/article/16555251/laser-diodes-the-power-of-brilliance-the-past-and-future-of-highpower-semiconductor-lasers, Abrufdatum 13.06.2021.

[6] Yamagata, Y.; Kaifuchi, Y.; Nogawa, R.; Yoshida, K.; Morohashi, R.; Yamaguchi, M.: Highly efficient 9xx-nm band single emitter laser diodes optimized for high output power operation. In: Proc. SPIE 11262, High-Power Diode Laser Technology XVIII (2020), S. 10-15, DOI: 10.1117/12.2545721.

[7] Loosen, P.; Knitsch, A.: Incoherent Beam Superposition and Stacking. In: Bachmann, F.; Loosen, P.; Poprawe, R. (Hrsg.): High Power Diode Lasers - Technology and Applications. Springer (2007), S. 125, ISBN: 978-0-387-34453-9.

[8] Knitsch, A.; Luft, A.; Groß, T.; Ristau, D.; Loosen, P.; Poprawe, R.: Diode laser modules of highest brilliance for materials processing. In: Proc. SPIE 4651, Novel In-Plane Semiconductor Lasers (2002), S. 256-263, DOI: 10.1117/12.467954.

[9] Köhler, B.; Brand, T.; Haag, M.; Biesenbach, J.: Wavelength stabilized high-power diode laser modules. In: Proc. SPIE 7198, High-Power Diode Laser Technology and Applications VII (2009), S. 290-301, DOI: 10.1117/12.809541.

[10] Wessling, C.; Traub, M.; Hoffmann, D.; Poprawe, R.: Dense wavelength multiplexing for a high power diode laser. In: Proc. SPIE 6104, High-Power Diode Laser Technology and Applications IV (2006), S. 214-221, DOI: 10.1117/12.644614.

[11] Hengesbach, S.; Holly, C.; Krauch, N.; Witte, U.; Westphalen, T.; Traub, M.; Hoffmann, D.: High-power dense wavelength division multiplexing (HP-DWDM) of frequency stabilized 9xx diode laser bars with a channel spacing of 1.5 nm. In: Proc. SPIE 8965, High-Power Diode Laser Technology and Applications XII (2014), S. 72-80, DOI: 10.1117/12.2036974.

[12] Richter, D.; Siems, M. P.; Middents, W. J.; Heck, M.; Goebel, T. A.; Matzdorf, C.; Krämer, R. G.; Tünnermann, A.; Nolte, S.: Minimizing residual spectral drift in laser diode bars using femtosecond-written volume Bragg gratings in fused silica. In: Optics letters 42 (2017), S. 623-626, DOI: 10.1364/OL.42.000623.

[13] Crump, P.; Decker, J.; Maaßdorf, A.; Fricke, J.; Brox, O.; Wenzel, H.; Erbert, G.; Tränkle, G.: Monolithically wavelength-stabilized high power diode lasers. In: IEEE High Power Diode Lasers and Systems Conference (HPD) (2017), S. 11-12, DOI: 10.1109/HPD.2017.8261080.

[14] Paoletti, R.; Coriasso, C.; Meneghini, G.; Gaziano, F.; Gotta, P.; Codato, S.; Maina, A.; Morello, G.; Melchiorre, P. de; Pippione, G.; Riva, E.; Rosso, M.; Stano, A.; Gattiglio, M.: Wavelength-stabilized DBR high-power diode laser. In: Journal of Physics: Photonics (2020), 2 014010, DOI: 10.1088/2515-7647/ab6712.

[15] Volodin, B. L.; Dolgy, S. V.; Melnik, E. D.; Downs, E.; Shaw, J.; Ban, V. S.: Wavelength stabilization and spectrum narrowing of high-power multimode laser diodes and arrays by use of volume Bragg gratings. In: Optics letters 29 (2004), S. 1891-1893, DOI: 10.1364/OL.29.001891.

[16] Venus, G. B.; Sevian, A.; Smirnov, V. I.; Glebov, L. B.: High-brightness narrow-line laser diode source with volume Bragg-grating feedback. In: Proc. SPIE 5711, High-Power Diode Laser Technology and Applications III (2005), S. 166-176, DOI: 10.1117/12.590425.

[17] Steckman, G. J.; Liu, W.; Platz, R.; Schroeder, D.; Moser, C.; Havermeyer, F.: Volume Holographic Grating Wavelength Stabilized Laser Diodes. In: IEEE Journal of Selected Topics in Quantum Electronics 13 (2007), S. 672-678, DOI: 10.1109/JSTQE.2007.896060.

[18] Klein, S.; Giesberts, M.; Traub, M.; Fitzau, O.; Hoffmann, D.: Frequency stabilization of multimode diode lasers with fiber Bragg gratings. In: IEEE High Power Diode Lasers and Systems Conference (HPD) (2019), S. 21-22, DOI: 10.1109/HPD48113.2019.8938607.

[19] Haas, M.; Rauch, S.; Nagel, S.; Beißwanger, R.; Dekorsy, T.; Zimer, H.: Beam Quality Deterioration in Dense Wavelength Beam-Combined Broad-Area Diode Lasers. In: IEEE Journal of Quantum Electronics 53 (2017), S. 1-11, DOI: 10.1109/JQE.2017.2686358.

[20] Huang, R. K.; Chann, B.; Glenn, J. D.: Ultra-high brightness wavelength-stabilized kW-class fiber coupled diode laser. In: Proc. SPIE 7918, High-Power Diode Laser Technology and Applications IX (2011), S. 284-292, DOI: 10.1117/12.887259.

[21] Crump, P.; Schultz, C. M.; Wenzel, H.; Erbert, G.; Tränkle, G.: Efficiency-optimized monolithic frequency stabilization of high-power diode lasers. In: Journal of Physics D: Applied Physics (2013), 46 013001, DOI: 10.1088/0022-3727/46/1/013001.

[22] Decker, J.; Crump, P.; Fricke, J.; Maaßdorf, A.; Traub, M.; Witte, U.; Brand, T.; Unger, A.; Erbert, G.; Tränkle, G.: 25-W Monolithic Spectrally Stabilized 975-nm Minibars for Dense Spectral Beam Combining. In: IEEE Photonics Technology Letters 27 (2015), S. 1675-1678, DOI: 10.1109/LPT.2015.2435251.

[23] Kissel, H.; Leonhäuser, B.; Tomm, J. W.; Hempel, M.; Biesenbach, J.: Accelerated Degradation of High Power Diode Lasers Caused by External Optical Feedback Operation. In: IEEE International Semiconductor Laser Conference (ISLC) (2018), S. 1-2, DOI: 10.1109/ISLC.2018.8516137.

[24] Leonhäuser, B.; Kissel, H.; Unger, A.; Köhler, B.; Biesenbach, J.: Feedback-induced catastrophic optical mirror damage (COMD) on 976nm broad area single emitters with different AR reflectivity. In: Proc. SPIE 8965, High-Power Diode Laser Technology and Applications XII (2014), S. 28-37, DOI: 10.1117/12.2039153.

[25] Bonsendorf, D.; Schneider, S.; Meinschien, J.; Tomm, J. W.: Reliability of high power laser diodes with external optical feedback. In: Proc. SPIE 9733, High-Power Diode Laser Technology and Applications XIV (2016), S. 1-10, DOI: 10.1117/12.2205296.

[26] Hemenway, D. M.; Chen, Z.; Kanskar, M.; Urbanek, W.; Dawson, D.; Bao, L.; DeVito, M.; Fortier, K.; Martinsen, R.; Welch, K.; Ballaban, R.: Wavelength stabilized fiber-coupled diode laser modules for DPSS and fiber laser pumping. In: Proc. SPIE 11262, High-Power Diode Laser Technology XVIII (2020), S. 101-109, DOI: 10.1117/12.2547539.

[27] Witte, U.; Schneider, F.; Traub, M.; Hoffmann, D.; Drovs, S.; Brand, T.; Unger, A.: kW-class direct diode laser for sheet metal cutting based on DWDM of pump modules by use of ultra-steep dielectric filters. In: Optics express 24 (2016), S. 22917-22929, DOI: 10.1364/OE.24.022917.

[28] Haas, M.; Rauch, S.; Nagel, S.; Irmler, L.; Dekorsy, T.; Zimer, H.: Thin-film filter wavelength-stabilized, grating combined, high-brightness kW-class direct diode laser. In: Optics express 25 (2017), S. 17657-17670, DOI: 10.1364/OE.25.017657.

[29] Schmidt, B.; Schaefer, M.: Advanced industrial laser systems and applications. In: Proc. SPIE 10525, High-Power Laser Materials Processing: Applications, Diagnostics, and Systems VII (2018), S. 1-13, DOI: 10.1117/12.2299534.

[30] Mayer A.: High Power Laser Systems for Materials Processing - The Optech Consulting market report (2015).

[31] Holly, C.: Modellierung der lateralen Abstrahlcharakteristik von Hochleistungsdiodenlaser-Kantenemittern. Dissertation, RWTH Aachen University. Shaker Verlag (2019), ISBN: 978-3-8440-6923-5.

[32] Jha, A. K.; Li, C.; Pipe, K. P.; Crowley, M. T.; Fullager, D. B.; Helmrich, J. D.; Thiagarajan, P.; Deri, R. J.; Feigenbaum, E.; Swertfeger, R. B.; Leisher, P. O.: Thermoreflectance Imaging of Back-Irradiance Heating in High Power Diode Lasers at Several Operating Wavelengths. In: IEEE Journal of Selected Topics in Quantum Electronics 25 (2019), S. 1-13, DOI: 10.1109/JSTQE.2019.2908556.

[33] Rauch, S.; Holly, C.; Zimer, H.: Catastrophic Optical Damage in 950-nm Broad-Area Laser Diodes Due to Misaligned Optical Feedback and Injection. In: IEEE Journal of Quantum Electronics 54 (2018), S. 1-7, DOI: 10.1109/JQE.2018.2856499.

[34] Hempel, M.; Chi, M.; Petersen, P. M.; Zeimer, U.; Tomm, J. W.: How does external feedback cause AlGaAs-based diode lasers to degrade? In: Applied Physics Letters 102 (2013), 023502, DOI: 10.1063/1.4775681.

[35] Epperlein, P. W.: Semiconductor laser engineering, reliability and diagnostics. John Wiley & Sons (2013), S. 28, 38, 250, ISBN: 978-1119990338.

[36] Behringer Martin: High-Power Diode Laser Technology and Characteristics. In: Bachmann, F.; Loosen, P.; Poprawe, R. (Hrsg.): High Power Diode Lasers - Technology and Applications. Springer (2007), S. 13, 16, 26, 28, ISBN: 978-0-387-34453-9.

[37] Coldren, L. A.; Corzine, S. W.; Mašanović, M. L.: Diode Lasers and Photonic Integrated Circuits, 2. Auflage. John Wiley & Sons (2012), S. 16, ISBN: 9781118148167.

[38] Zory, P. S.: Quantum well lasers. Academic Press (1993), S. 2, 84-86, ISBN: 978-0-12-781890-0.

[39] Chow, W. W.; Koch, S. W.: Semiconductor-Laser Fundamentals. Springer (1999), S. 72-149, 204-210, ISBN: 978-3-642-08386-0.

[40] Rosenkrantz, E.; Yanson, D.; Peleg, O.; Blonder, M.; Rappaport, N.; Klumel, G.: High-power laser diodes with high polarization purity. In: Proc. SPIE 10086, High-Power Diode Laser Technology XV (2017), S. 89-97.

[41] Winterfeldt, M.; Crump, P.; Wenzel, H.; Erbert, G.; Tränkle, G.: Experimental investigation of factors limiting slow axis beam quality in 9xx nm high power broad area diode lasers. In: Journal of Applied Physics 116 (2014), 063103, DOI: 10.1063/1.4892567.

[42] Leers, M.; Scholz, C.; Boucke, K.; Poprawe, R.: Expansion-matched passively cooled heatsinks with low thermal resistance for high-power diode laser bars. In: Proc. SPIE 6104, High-Power Diode Laser Technology and Applications IV (2006), S. 20-29, DOI: 10.1117/12.645934.

[43] Heinemann, S.; McDougall, S.; Zimer, H.; Ryu, G.; Zhao, L.; Liu, X.; Holly, C.; Jiang, C.-L.; Modak, P.; Xiong, Y.; Strohmaier, S. G.; Vethake, T.; Schmidt, B.: Advanced chip designs and novel cooling techniques for brightness scaling of industrial, high power diode laser bars. In: Proc. SPIE 10514, High-Power Diode Laser Technology XVI (2018), S. 196-204.

[44] Jiménez, J.: Laser diode reliability: crystal defects and degradation modes. In: Comptes Rendus Physique 4 (2003), S. 663-673, DOI: 10.1016/S1631-0705(03)00097-5.

[45] Hempel, M.: Defect Mechanisms in Diode Lasers at High Optical Output Power: The Catastrophic Optical Damage. Dissertation, Humboldt-Universität zu Berlin (2013), S. 9, 23, 29, 51-59, 74, 101-114.

[46] Fukuda, M.: Reliability and degradation of semiconductor lasers and LEDs. Artech House (1991), S. 13, ISBN: 0-89006-465-2.

[47] Jandeleit, J.; Wiedmann, N.; Loosen, P.; Poprawe, R.: Reliability and degradation mechanisms of high-power diode lasers. In: Proc. SPIE 3626, Testing, Packaging, Reliability, and Applications of Semiconductor Lasers IV (1999), S. 217-221, DOI: 10.1117/12.345432.

[48] Johnson, L. A.: Laser diode burn-in and reliability testing. In: IEEE Communications Magazine 44 (2006), S. 4-7, DOI: 10.1109/MCOM.2006.1593543.

[49] Ziegler, M.; Tien, T. Q.; Schwirzke-Schaaf, S.; Tomm, J. W.; Sumpf, B.; Erbert, G.; Oudart, M.; Nagle, J.: Gradual degradation of red-emitting high-power diode laser bars. In: Applied Physics Letters 90 (2007), 171113, DOI: 10.1063/1.2732202.

[50] Khait, Y. L.; Salzman, J.; Beserman, R.: Kinetic model for gradual degradation in semiconductor lasers and light-emitting diodes. In: Applied Physics Letters 53 (1988), S. 2135-2137, DOI: 10.1063/1.100297.

[51] Yamagata, Y.; Sato, S.; Yamada, Y.; Yamaguchi, M.: Failure Mode and Lifetime Analysis of 9×× nm High Power Broad Stripe Laser Diodes. In: IEEE International Semiconductor Laser Conference (ISLC) (2018), S. 1-2, DOI: 10.1109/ISLC.2018.8516252.

[52] Cooper, D.; Gooch, C.; Sherwell, R.: Internal Self-Damage of Gallium Arsenide Lasers. In: IEEE Journal of Quantum Electroncis 2 (1966), S. 329-330.

[53] Tomm, J. W.; Ziegler, M.; Hempel, M.; Elsaesser, T.: Mechanisms and fast kinetics of the catastrophic optical damage (COD) in GaAs-based diode lasers. In: Laser & Photonics Reviews 5 (2011), S. 422-441, DOI: 10.1002/lpor.201000023.

[54] Henry, C. H.; Petroff, P. M.; Logan, R. A.; Merritt, F. R.: Catastrophic damage of Al x Ga 1− x As double-heterostructure laser material. In: Journal of Applied Physics 50 (1979), 3721, DOI: 10.1063/1.326278.

[55] Sin, Y.; Ives, N.; LaLumondiere, S.; Presser, N.; Moss, S. C.: Catastrophic optical bulk damage (COBD) in high power multi-mode InGaAs-AlGaAs strained quantum well lasers. In: Proc. SPIE 7918, High-Power Diode Laser Technology and Applications IX (2011), S. 26-37, DOI: 10.1117/12.873936.

[56] Sin, Y.; Presser, N.; LaLumondiere, S.; Ives, N.; Lotshaw, W.; Moss, S. C.: Catastrophic optical bulk damage (COBD) - A new degradation mode in high power InGaAs-AlGaAs strained QW lasers. In: IEEE International Semiconductor Laser Conference (ISLC) (2012), S. 116-117, DOI: 10.1109/ISLC.2012.6348356.

[57] Kissel, H.; Leonhäuser, B.; Tomm, J. W.; Hempel, M.; Unger, A.; Biesenbach, J.: Fiber coupled laser diode reliability: impact of feedback on diode lifetime and failure modes. In: IEEE High Power Diode Lasers and Systems Conference (HPD) (2015), S. 41-42, DOI: 10.1109/HPD.2015.7439685.

[58] Tomm, J. W.; Ziegler, M.; Talalaev, V.; Matthiesen, C.; Elsaesser, T.; Bou Sanayeh, M.; Brick, P.; Reufer, M.: New approaches towards the understanding of the catastrophic optical damage process in in-plane diode lasers. In: Proc. SPIE 7230, Novel In-Plane Semiconductor Lasers VIII (2009), S. 150-158, DOI: 10.1117/12.806701.

[59] Souto, J.; Pura, J. L.; Jiménez, J.: About the physical meaning of the critical temperature for catastrophic optical damage in high power quantum well laser diodes. In: Laser Physics Letters 13 (2016), 025005, DOI: 10.1088/1612-2011/13/2/025005.

[60] Chen, G.; Tien, C. L.: Facet heating of quantum well lasers. In: Journal of Applied Physics 74 (1993), S. 2167-2174, DOI: 10.1063/1.354750.

[61] Romero Herrero, B.; Batko, G.; Arias, J.; Borruel, L.; Esquivias, I.; Gomez-Alcala, R.: Modeling of facet heating in high-power laser diodes. In: Proc. SPIE 3889, Advanced High-Power Lasers (2000), S. 96-106, DOI: 10.1117/12.380947.

[62] Li, Z.; Qin, L.; Liu, Y.; Wang, L.: The novel facet coating technology for 808nm semiconductor laser. In: Academic Symposium on Optoelectronics and Microelectronics Technology and 10th Chinese-Russian Symposium on Laser Physics and Laser Technology, Optoelectronics Technology (ASOT) (2010), S. 106-108, DOI: 10.1109/RCSLPLT.2010.5615387.

[63] Souto, J.; Pura, J. L.; Jiménez, J.: Thermal and mechanical issues of high-power laser diode degradation. In: MRS Communications 8 (2018), S. 995-999, DOI: 10.1557/mrc.2018.124.

[64] Sin, Y.; Lingley, Z.; Ayvazian, T.; Brodie, M.; Ives, N.: Root causes investigation of catastrophic optical bulk damage in high-power InGaAs-AlGaAs strained QW lasers. In: Proc. SPIE 10553, Novel In-Plane Semiconductor Lasers XVII (2018), S. 163-178, DOI: 10.1117/12.2287288.

[65] Bonsendorf, D.: Optical Feedback - Laserdioden-Systeme mit Rückreflexen. Dissertation, Ruhr-Universität Bochum (2016), S. 68-70, 75-77, 87-89, 107.

[66] Leisher, P. O.; Li, C.; Jha, A. K.; Pipe, K. P.; Helmrich, J. D.; Thiagarajan, P.; Boisselle, M. C.; Patra, S. K.; Sezgin, S.; Deri, R. J.: Feedback-Induced Failure of High-Power Diode Lasers. In: IEEE Journal of Quantum Electronics 54 (2018), S. 1-13, DOI: 10.1109/JQE.2018.2873073.

[67] Leisher, P. O.; Pope, D.; Platz, L.; Boisselle, M.; Runkel, M.; Deri, R. J.; Smith, S.; Helmrich, J. D.; Crawford, D. E.; Thiagarajan, P.; Li, C.; Pipe, K. P.: Root cause investigation of back-irradiance-induced failure of high power diode lasers. In: IEEE High Power Diode Lasers and Systems Conference (HPD) (2017), S. 53-54, DOI: 10.1109/HPD.2017.8261096.

[68] Bulashevich, K. A.; Mymrin, V. F.; Karpov, S. Y.; Demidov, D. M.; Ter-Martirosyan, A. L.: Effect of free-carrier absorption on performance of 808 nm AlGaAs-based high-power laser diodes. In: Semiconductor Science and Technology 22 (2007), S. 502-510, DOI: 10.1088/0268-1242/22/5/008.

[69] Takiguchi, Y.; Asatsuma, T.; Hirata, S.: Effect of the threshold reduction on a catastrophic optical mirror damage in broad-area semiconductor lasers with optical feedback. In: Proc. SPIE 6104, High-Power Diode Laser Technology and Applications IV (2006), S. 271-277, DOI: 10.1117/12.644473.

[70] Piprek, J. (Hrsg.): Optoelectronic Devices - Advanced Simulation and Analysis. Springer (2005), Preface, ISBN: 0-387-22659-1.

[71] Wenzel H.; Zeghuzi, A.: High-Power Lasers. In: Piprek, J. (Hrsg.): Handbook of Optoelectronic Device Modeling & Simulation, Volume II. CRC Press (2018), S. 16, ISBN: 978-1-4987-4956-5.

[72] Crosslight Software Inc.: LASTIP, Laser Technology Integrated Program. URL: https://crosslight.com/products/lastip/, Abrufdatum 31.12.2020.

[73] Piprek, J.: Semiconductor Optoelectronic Devices - Introduction to Physics and Simulation. Elsevier Science (2003), S. 143, 148, 151-169, ISBN: 9780125571906.

[74] Pacradouni, V.; Klein, J.; Donzella, V.; Pond, J.; Li, Z. Q.; Li, S.: Accuracy of 1D compact laser model laser model results from 1D compact model compared with detailed 2D simulation. In: IEEE 6th International Conference on Photonics (ICP) (2016), S. 1-2, DOI: 10.1109/ICP.2016.7510002.

[75] McAlister, S. P.; Li, Z.-M.: Two-dimensional simulation of quantum well lasers. In: Proc. SPIE 2146, Physics and Simulation of Optoelectronic Devices II (1994), S. 162-173, DOI: 10.1117/12.178507.

[76] Hader, J.; Moloney, J. V.; Koch, S. W.; Chow, W. W.: Microscopic modeling of gain and luminescence in semiconductors. In: IEEE Journal of Selected Topics in Quantum Electronics 9 (2003), S. 688-697, DOI: 10.1109/JSTQE.2003.818342.

[77] Esquivias, I.; Odriozola, H.; Tijero, J. M. G.; Borruel, L.; Mínguez, A. M.; Michel, N.; Calligaro, M.; Lecomte, M.; Parillaud, O.; Krakowski, M.: Simulation of high brightness tapered lasers. In: Proc. SPIE 7616, Novel In-Plane Semiconductor Lasers IX (2010), S. 282-294, DOI: 10.1117/12.841688.

[78] Helal, M. A.; Bull, S.; Kaunga-Nyirenda, S. N.; Lim, J. J.; Larkins, E. C.: Self-consistent simulation of high-brightness diode lasers with external optical feedback. In: IEEE High Power Diode Lasers and Systems Conference (HPD) (2015), S. 27-28, DOI: 10.1109/HPD.2015.7439678.

[79] Holly, C.; Hengesbach, S.; Traub, M.; Hoffmann, D.: Numerical analysis of external feedback concepts for spectral stabilization of high-power broad-area semiconductor lasers. In: Proc. SPIE 8965, High-Power Diode Laser Technology and Applications XII (2014), S. 103-110, DOI: 10.1117/12.2037053.

[80] Bull, S.; Lim, J. J.; Amuzuvi, C. K.; Tomm, J. W.; Nagle, J.; Sumpf, B.; Erbert, G.; Michel, N.; Krakowski, M.; Larkins, E. C.: Emulation of the operation and degradation of high-power laser bars using simulation tools. In: Semiconductor Science and Technology 27 (2012), 094012, DOI: 10.1088/0268-1242/27/9/094012.

[81] Lam, S. K. K.; Mallard, R. E.; Cassidy, D. T.: Analytical model for saturable aging in semiconductor lasers. In: Journal of Applied Physics 94 (2003), S. 1803-1809, DOI: 10.1063/1.1589594.

[82] Hopgood, A. A.: Vacancy-controlled model of degradation in InGaAs/AlGaAs/GaAs heterostructure lasers. In: Journal of Applied Physics 76 (1994), S. 4068-4071, DOI: 10.1063/1.357355.

[83] Huang, J. J.-S.; Jan, Y.-H.: A New Kinetics Defect Diffusion Model and the Critical Current Density of Semiconductor Laser Degradation. In: Applied Physics Research 8 (2016), S. 11-19, DOI: 10.5539/apr.v8n4p11.

[84] Yoo, J. S.; Lee, H. H.; Zory, P.: Temperature rise at mirror facet of CW semiconductor lasers. In: IEEE Journal of Quantum Electronics 28 (1992), S. 635-639, DOI: 10.1109/3.124987.

[85] Schatz, R.; Bethea, C. G.: Steady state model for facet heating leading to thermal runaway in semiconductor lasers. In: Journal of Applied Physics 76 (1994), S. 2509-2521, DOI: 10.1063/1.358509.

[86] Menzel, U.: Self-consistent calculation of facet heating in asymmetrically coated edge emitting diode lasers. In: Semiconductor Science and Technology 13 (1998), S. 265-276, DOI: 10.1088/0268-1242/13/3/004.

[87] Smith, W. R.: Mathematical modeling of thermal runaway in semiconductor laser operation. In: Journal of Applied Physics 87 (2000), S. 8276-8285, DOI: 10.1063/1.373538.

[88] Romo, G.; Smy, T.; Walkey, D.; Reid, B.: Modeling facet heating in ridge lasers. In: Microelectronics Reliability 43 (2003), S. 99-110, DOI: 10.1016/S0026-2714(02)00271-8.

[89] Pura, J. L.; Souto, J.; Jiménez, J.: Effect of thermal lensing and the micrometric degraded regions on the catastrophic optical damage process of high-power laser diodes. In: Optics letters 45 (2020), S. 1667-1670, DOI: 10.1364/OL.389385.

[90] Botez, D.: Design considerations and analytical approximations for high continuous-wave power, broad-waveguide diode lasers. In: Applied Physics Letters 74 (1999), S. 3102-3104, DOI: 10.1063/1.124075.

[91] Kaul, T.; Erbert, G.; Maaßdorf, A.; Martin, D.; Crump, P.: Extreme triple asymmetric (ETAS) epitaxial designs for increased efficiency at high powers in 9xx-nm diode lasers. In: Proc. SPIE 10514, High-Power Diode Laser Technology XVI (2018), S. 53-59, DOI: 10.1117/12.2288284.

[92] Knapczyk, M. T.; Jacob, J. H.; Eppich, H.; Chin, A. K.; Lang, K. D.; Vignati, J. T.; Chin, R. H.: 70% efficient near 1kW single 1-cm laser-diode bar at 20°C. In: Proc. SPIE 7918, High-Power Diode Laser Technology and Applications IX (2011), S. 143-148, DOI: 10.1117/12.873179.

[93] Tu, L. W.; Schubert, E. F.; Hong, M.; Zydzik, G. J.: In-vacuum cleaving and coating of semiconductor laser facets using thin silicon and a dielectric. In: Journal of Applied Physics 80 (1996), S. 6448-6451, DOI: 10.1063/1.363664.

[94] Rinner, F.; Rogg, J.; Kelemen, M. T.; Mikulla, M.; Weimann, G.; Tomm, J. W.; Thamm, E.; Poprawe, R.: Facet temperature reduction by a current blocking layer at the front facets of high-power InGaAs/AlGaAs lasers. In: Journal of Applied Physics 93 (2003), S. 1848-1850, DOI: 10.1063/1.1531839.

[95] McDougall, S. D.; Kowalski, O. P.; Hamilton, C. J.; Camacho, F.; Qiu, B.; Ke, M.; La Rue, R. M. de; Bryce, A. C.; Marsh, J. H.: Monolithic integration via a universal damage enhanced quantum-well intermixing technique. In: IEEE Journal of Selected Topics in Quantum Electronics 4 (1998), S. 636-646.

[96] Walker, C. L.; Bryce, A. C.; Marsh, J. H.: Improved catastrophic optical damage level from laser with nonabsorbing mirrors. In: IEEE Photonics Technology Letters 14 (2002), S. 1394-1396.

[97] Petrescu-Prahova, I. B.; Modak, P.; Goutain, E.; Bambrick, D.; Silan, D.; Riordan, J.; Moritz, T.; Marsh, J. H.: 253 mW/µm maximum power density from 9xx nm epitaxial laser structures with d/Γ greater than 1 µm. In: IEEE 21st International Semiconductor Laser Conference (ISLC) (2008), S. 135-136, DOI: 10.1109/ISLC.2008.4636046.

[98] Wijeyasinghe N.: Laser Diodes & Direct Diode Lasers 2019-2029: Technologies, Markets & Forecasts, 12.7.2019.
URL: https://www.idtechex.com/en/research-article/direct-diode-lasers-how-technology-evolution-is-opening-new-markets/17627, Abrufdatum 13.06.2021.

[99] Liu, X.; Holly, C.; Jiang, C.-L.; Xiong, Y.; McDougall, S.; Boucke, K.; Zimer, H.; Schmidt, B.: Electro-optical efficiency and slow axis far-field improvement of high power laser diode bars using epitaxy structure optimization. In: IEEE High Power Diode Lasers and Systems Conference (HPD) (2017), S. 33-34, DOI: 10.1109/HPD.2017.8261090.

[100] An, H.; Xiong, Y.; Jiang, C.-L. J.; Schmidt, B.; Treusch, G.: Methods for slow axis beam quality improvement of high power broad area diode lasers. In: Proc. SPIE 8965, High-Power Diode Laser Technology and Applications XII (2014), S. 155-162, DOI: 10.1117/12.2040986.

[101] Eckstein, H.-C.; Zeitner, U. D.; Schmid, W.; Strauss, U.: Control of slow axis mode behavior with waveguide phase structures in semiconductor broad-area lasers. In: Proc. SPIE 7230, Novel In-Plane Semiconductor Lasers VIII (2009), S. 340-346, DOI: 10.1117/12.819399.

[102] Ried, S.; Rauch, S.; Irmler, L.; Rikels, J.; Killi, A.; Papastathopoulos, E.; Sarailou, E.; Zimer, H.: Next generation diode lasers with enhanced brightness. In: Proc. SPIE 10514, High-Power Diode Laser Technology XVI (2018), S. 77-84, DOI: 10.1117/12.2289464.

[103] Huang, R. K.; Samson, B.; Chann, B.; Lochman, B.; Tayebati, P.: Recent progress on high-brightness kW-class direct diode lasers. In: IEEE High Power Diode Lasers and Systems Conference (HPD) (2015), S. 29-30, DOI: 10.1109/HPD.2015.7439679.

[104] Wilkens, M.; Wenzel, H.; Knigge, A.; Crump, P.; Maaßdorf, A.; Fricke, J.; Ressel, P.; Strohmaier, S. G.; Schmidt, B.; Erbert, G.; Tränkle, G.: 970-nm ridge waveguide diode laser bars for high power DWBC systems. In: Proc. SPIE 10514, High-Power Diode Laser Technology XVI (2018), S. 69-75, DOI: 10.1117/12.2289870.

[105] Skidmore J.: Semiconductor Lasers for 3-D Sensing, 1.2.2019.
URL: https://www.osa-opn.org/home/articles/volume_30/february_2019/features/semiconductor_lasers_for_3-d_sensing/, Abrufdatum 08.03.2021.

[106] Gibbs Y.: NASA Armstrong Fact Sheet: Beamed Laser Power for UAVs, 28.2.2014.
URL: https://www.nasa.gov/centers/armstrong/news/FactSheets/FS-087-DFRC.html, Abrufdatum 03.01.2021.

[107] Rudy P.: The Best Defense Is a Bright Diode Laser, 2005.
URL: https://www.photonics.com/Articles/The_Best_Defense_Is_a_Bright_Diode_Laser/a23663, Abrufdatum 13.06.2021.

[108] Brauch, U.; Loosen, P.; Opower, H.: High-Power Diode Lasers for Direct Applications. In: Diehl, R. (Hrsg.): High-Power Diode Lasers - Fundamentals, Technology, Applications. Springer (2000), S. 329, ISBN: 978-3-540-66693-6.

[109] Malchus, J.; Krause, V.; Rehmann, G.; Leers, M.; Koesters, A.; Matthews, D. G.: A 40kW fiber-coupled diode laser for material processing and pumping applications. In: Proc. SPIE 9348, High-Power Diode Laser Technology and Applications XIII (2015), S. 1-12, DOI: 10.1117/12.2083909.

[110] Huang, R. K.; Chann, B.; Burgess, J.; Lochman, B.; Zhou, W.; Cruz, M.; Cook, R.; Dugmore, D.; Shattuck, J.; Tayebati, P.: Teradiode's high brightness semiconductor lasers. In: Proc. SPIE 9730, Components and Packaging for Laser Systems II (2016), S. 63-71, DOI: 10.1117/12.2218168.

[111] Kanskar, M.; Bai, C.; Bao, L.; Biekert, N.; Chen, Z.; DeFranza, M.; DeVito, M.; Fortier, K.; Grimshaw, M.; Guan, X.; Hemenway, D. M.; Li, S.; Martin, E.; Martinsen, R.; Prunty, T.; Urbanek, W.; Wilkins, B.; Zhang, J.; Zhang, S.: High brightness diodes and 600W & 60% efficient fiber-coupled packages enabled by reduced-mode (REM) diodes. In: Proc. SPIE 10900, High-Power Diode Laser Technology XVII (2019), S. 76-81, DOI: 10.1117/12.2510722.

[112] Adams, M.; Holly, C.; Rauch, S.; Traub, M.: GPU-accelerated wave-optical model for external-cavity diode lasers. In: Optics letters 46 (2021), S. 1780-1783, DOI: 10.1364/OL.419225.

[113] Adams, M.; Rauch, S.; Holly, C.; Bussek, T.; Traub, M.; Hoffmann, D.: GPU-accelerated wave-optical simulation of beam-transformation system for high-power diode lasers. In: IEEE High Power Diode Lasers and Systems Conference (HPD) (2019), S. 27-28, DOI: 10.1109/HPD48113.2019.8938673.

[114] Helal, M. A.; Kaunga-Nyirenda, S. N.; Bull, S.; Larkins, E.: High-Brightness Laser Diodes with External Feedback. In: Piprek, J. (Hrsg.): Handbook of Optoelectronic Device Modeling & Simulation, Volume II. CRC Press (2018), S. 81-108, ISBN: 978-1-4987-4956-5.

[115] Goodman, J. W.: Introduction to Fourier optics, 2. Auflage. McCraw-Hill (1996), S. 32-61, ISBN: 0-07-024254-2.

[116] Voelz, D. G.: Computational Fourier optics - A MATLAB tutorial. SPIE (2011), S. 63-86, ISBN: 978-0819482044.

[117] Hengesbach, S.: Spektrale Stabilisierung und inkohärente Überlagerung von Diodenlaserstrahlung mit Volumenbeugungsgittern. Dissertation, RWTH Aachen University. Shaker Verlag (2014), S. 43-55, 85-89, ISBN: 978-3-8440-2985-7.

[118] Kogelnik, H.: Coupled Wave Theory for Thick Hologram Gratings. In: The Bell System Technical Journal 48 (1969), S. 2909-2947, DOI: 10.1002/j.1538-7305.1969.tb01198.x.

[119] Shimobaba, T.; Ito, T.; Masuda, N.; Abe, Y.; Ichihashi, Y.; Nakayama, H.; Takada, N.; Shiraki, A.; Sugie, T.: Numerical calculation library for diffraction integrals using the graphic processing unit: the GPU-based wave optics library. In: Journal of Optics A: Pure and Applied Optics 10 (2008), 075308, DOI: 10.1088/1464-4258/10/7/075308.

[120] Givon, L. E.; Unterthiner, T.; Erichson, N. B.; Chiang, D. W.; Larson, E.; Pfister, L. A.; Dieleman, S.; Lee, G. R.; van der Walt, S.; Menn, B.; Moldovan, T. M.; Bastien, F.; Shi, X.; Schlüter, J.; Thomas, B.; Capdevila, C.; Rubinsteyn, A.; Forbes, M. M.; Frelinger, J.; Klein, T.; Merry, B.; Merill, N.; Pastewka, L.; Liu, L. Y.; S. Clarkson; Rader, M.; Taylor, S.; Bergeron, A.; Nikul H. Ukani; Wang, F.; Lee, W.-K.; Yiyin Zhou: scikit-cuda 0.5.3: a Python interface to GPU-powered libraries. Zenodo (2019).

[121] Yamaguchi, S.; Daimon, M.; Chiba, K.: Optical path rotating device used with linear array laser diode and laser apparatus applied therewith, Patent: US5513201A (1994).
URL: https://patents.google.com/patent/US5513201A/en, Abrufdatum 13.06.2021.

[122] Yu, J.; Guo, L.; Wu, H.; Wang, Z.; Gao, S.; Wu, D.: Optimization of beam transformation system for laser-diode bars. In: Optics express 24 (2016), S. 19728-19735, DOI: 10.1364/OE.24.019728.

[123] Jüngel, A.: Macroscopic Models For Semiconductor Devices: A Review. In: Konstanzer Schriften in Mathematik und Informatik 106 (2000), Preprint.

[124] van Roosbroeck, W.: Theory of the Flow of Electrons and Holes in Germanium and Other Semiconductors. In: The Bell System Technical Journal 29 (1950), S. 560-607, DOI: 10.1002/j.1538-7305.1950.tb03653.x.

[125] Piprek, J.; Li, Z.-M.: What Causes the Pulse Power Saturation of GaAs-Based Broad-Area Lasers? In: IEEE Photonics Technology Letters 30 (2018), S. 963-966, DOI: 10.1109/LPT.2018.2826979.

[126] Wenzel, H.; Crump, P.; Pietrzak, A.; Wang, X.; Erbert, G.; Tränkle, G.: Theoretical and experimental investigations of the limits to the maximum output power of laser diodes. In: New Journal of Physics 12 (2010), 085007, DOI: 10.1088/1367-2630/12/8/085007.

[127] Tijero, J. M. G.; Odriozola, H.; Esquivias, I.; Martin-Minguez, A.; Borruel, L.; Gomez-Iglesias, A.; Reufer, M.; Bou-Sanayeh, M.; Brick, P.; Linder, N.; Ziegler, M.; Tomm, J. W.: Simulation of facet heating in high-power red lasers. In: Proc. SPIE 7597, Physics and Simulation of Optoelectronic Devices XVIII (2010), S. 329-339, DOI: 10.1117/12.841970.

[128] Zeghuzi, A.; Radziunas, M.; Wenzel, H.; Wünsche, H.-J.; Bandelow, U.; Knigge, A.: Modeling of current spreading in high-power broad-area lasers and its impact on the lateral far field divergence. In: Proc. SPIE 10526, Physics and Simulation of Optoelectronic Devices XXVI (2018), S. 235-244, DOI: 10.1117/12.2289803.

[129] Wachutka, G. K.: Rigorous thermodynamic treatment of heat generation and conduction in semiconductor device modeling. In: IEEE Transactions on Computer-Aided Design of Integrated Circuits and Systems 9 (1990), S. 1141-1149, DOI: 10.1109/43.62751.

[130] Streiff, M.; Witzig, A.; Pfeiffer, M.; Royo, P.; Fichtner, W.: A comprehensive VCSEL device simulator. In: IEEE Journal of Selected Topics in Quantum Electronics 9 (2003), S. 879-891, DOI: 10.1109/JSTQE.2003.818858.

[131] Lindefelt, U.: Current-density relations for nonisothermal modeling of degenerate heterostructure devices. In: Journal of Applied Physics 75 (1994), S. 958-966, DOI: 10.1063/1.356451.

[132] Kantner, M.: Generalized Scharfetter-Gummel schemes for electro-thermal transport in degenerate semiconductors using the Kelvin formula for the Seebeck coefficient. In: Journal of Computational Physics 402 (2020), 109091, DOI: 10.1016/j.jcp.2019.109091.

[133] Witzigmann, B.; Witzig, A.; Fichtner, W.: A multidimensional laser simulator for edge-emitters including quantum carrier capture. In: IEEE Transactions on Electron Devices 47 (2000), S. 1926-1934, DOI: 10.1109/16.870574.

[134] Grupen, M.; Kosinovsky, G.; Hess, K.: The effect of carrier capture on the modulation bandwidth of quantum well lasers. In: IEEE International Electron Devices Meeting (1993), S. 609-612, DOI: 10.1109/IEDM.1993.347285.

[135] Borruel, L.; Arias, J.; Romero, B.; Esquivias, I.: Incorporation of carrier capture and escape processes into a self-consistent cw model for Quantum Well lasers. In: Microelectronics Journal 34 (2003), S. 675-677, DOI: 10.1016/S0026-2692(03)00094-6.

[136] Xiao, G.; Lee, J.; Liou, J.J.; Ortiz-Conde, A.: Incomplete ionization in a semiconductor and its implications to device modeling. In: Microelectronics Reliability 39 (1999), S. 1299-1303, DOI: 10.1016/S0026-2714(99)00027-X.

[137] Farrell, P.; Rotundo, N.; Doan, D. H.; Kantner, M.; Fuhrmann, J.; Koprucki, T.: Drift-Diffusion Models. In: Piprek, J. (Hrsg.): Handbook of Optoelectronic Device Modeling & Simulation, Volume II. CRC Press (2018), S. 733-771, ISBN: 978-1-4987-4956-5.

[138] Selberherr, S.: Analysis and Simulation of Semiconductor Devices. Springer (1984), S. 110, ISBN: 978-3-7091-8752-4.

[139] Scharfetter, D. L.; Gummel, H. K.: Large-signal analysis of a silicon Read diode oscillator. In: IEEE Transactions on Electron Devices 16 (1969), S. 64-77, DOI: 10.1109/T-ED.1969.16566.

[140] Le, K. Q.: Complex Padé approximant operators for wide-angle beam propagation. In: Optics Communications 282 (2009), S. 1252-1254, DOI: 10.1016/j.optcom.2008.12.014.

[141] Salathé, R. P.: Diode lasers coupled to external resonators. In: Applied Physics Letters 20 (1979), S. 1-18, DOI: 10.1007/BF00901781.

[142] Wenzel, H.; Crump, P.; Pietrzak, A.; Roder, C.; Wang, X.; Erbert, G.: The analysis of factors limiting the maximum output power of broad-area laser diodes. In: Optical and Quantum Electronics 41 (2009), S. 645-652, DOI: 10.1007/s11082-010-9372-4.

[143] Piprek, J.: On the reliability of pulse power saturation models for broad-area GaAs-based lasers. In: Optical and Quantum Electronics 51 (2019), 015004, DOI: 10.1007/s11082-019-1776-1.

[144] Adams, M.; Rauch, S.; Holly, C.; Traub, M.; Hoffmann, H.-D.: Modeling of the impact of current crowding on catastrophic optical damage in 9xx-nm high power laser diodes. In: Proc. SPIE 11668, High-Power Diode Laser Technology XIX (2021), S. 50-58, DOI: 10.1117/12.2578092.

[145] Adams, M.; Holly, C.; Rauch, S.; Schwarz, T.; Traub, M.: Modeling of influencing factors driving thermal runaway in 9xx-nm high-power laser diodes. In: IEEE 27th International Semiconductor Laser Conference (ISLC) (2021), S. 1-2.

[146] Rauch, S.: Lateral emission characteristics of high-power broad-area lasers subject to external optical feedback. Dissertation, Technische Universität Berlin. Cuvillier Verlag (2020), S. 59-63, ISBN: 978-3736971585.

[147] Tang, W. C.; Rosen, H. J.; Vettiger, P.; Webb, D. J.: Raman microprobe study of the time development of AlGaAs single quantum well laser facet temperature on route to catastrophic breakdown. In: Applied Physics Letters 58 (1991), S. 557-559, DOI: 10.1063/1.104585.

[148] Adams, M.; Rauch, S.; Holly, C.; Traub, M.; Hoffmann, H.-D.: Multiphysics modeling of feedback-induced catastrophic optical damage in 9xx-nm high-power laser diodes. In: Proc. SPIE 11983, High-Power Diode Laser Technology XX (2022), S. 104-112, DOI: 10.1117/12.2608103.

[149] Loebich, O.: The optical properties of gold. In: Gold Bulletin 5 (1972), S. 2-10, DOI: 10.1007/BF03215148.

[150] Suzuki, M.; Yamamoto, T.; Katayama, Y.; Kuwata, S.; Tanaka, T.: Light Absorption by Metals with Porous Surface Layer Formed by Oxidization–Reduction Treatment. In: MATERIALS TRANSACTIONS 53 (2012), S. 1556-1562.

[151] Wessling C.; Traub M.; Hoffmann H. D.: System with one or two-dimensional rows of radiation sources, Patent: DE102008044867A1 (2008).
URL: https://patents.google.com/patent/DE102008044867A1/en, Abrufdatum 11.06.2021.

[152] Yanson, D.; Levi, M.; Shamay, M.; Tesler, R.; Rappaport, N.; Don, Y.; Karni, Y.; Schnitzer, I.; Sicron, N.; Shusterman, S.: Facet engineering of high power single emitters. In: Proc. SPIE 7918, High-Power Diode Laser Technology and Applications IX, S. 272-283, DOI: 10.1117/12.876261.

[153] Ioffe Physico-Technical Institute: New Semiconductor Materials Archive - Physical Properties of Semiconductors.
URL: http://www.ioffe.ru/SVA/NSM/Semicond/, Abrufdatum 25.02.2021.

[154] van Zeghbroeck B.: Principles of Semiconductor Devices - Effective density of states - Example, 2011.
URL: http://ecee.colorado.edu/~bart/book/ex019.htm, Abrufdatum 25.02.2021.

[155] Varshni, Y. P.: Temperature dependence of the energy gap in semiconductors. In: Physica 34 (1967), S. 149-154, DOI: 10.1016/0031-8914(67)90062-6.

[156] Vurgaftman, I.; Meyer, J. R.; Ram-Mohan, L. R.: Band parameters for III-V compound semiconductors and their alloys. In: Journal of Applied Physics 89 (2001), S. 5815-5875, DOI: 10.1063/1.1368156.

[157] Okumura, H.; Misawa, S.; Yoshida, S.; Gonda, S.: Determination of the conduction-band discontinuities of GaAs/Al x Ga 1-x As interfaces by capacitance-voltage measurements. In: Applied Physics Letters 46 (1985), S. 377-379, DOI: 10.1063/1.95637.

[158] Sotoodeh, M.; Khalid, A. H.; Rezazadeh, A. A.: Empirical low-field mobility model for III-V compounds applicable in device simulation codes. In: Journal of Applied Physics 87 (2000), S. 2890-2900, DOI: 10.1063/1.372274.

[159] Daubenschuez, M.; Gerlach, P.; Michalzik, R.: Electro-thermal characteristics of VCSELs: simulations and experiments. In: Proc. SPIE 9134, Semiconductor Lasers and Laser Dynamics VI (2014), S. 535-542, DOI: 10.1117/12.2052895.

[160] Ayalew Tesfaye: SiC Semiconductor Devices Technology, Modeling and Simulation. Dissertation, Technische Universität Wien (2004), URL: https://www.iue.tuwien.ac.at/phd/ayalew/node72.html. Abrufdatum: 14.06.2021.

[161] Chinn, S. R.; Zory, P. S.; Reisinger, A. R.: A model for GRIN-SCH-SQW diode lasers. In: IEEE Journal of Quantum Electronics 24 (1988), S. 2191–2214, DOI: 10.1109/3.8562.

[162] Krishnamurthy, S.; Yu, Z. G.; Gonzalez, L. P.; Guha, S.: Temperature- and wavelength-dependent two-photon and free-carrier absorption in GaAs, InP, GaInAs, and InAsP. In: Journal of Applied Physics 109 (2011), 033102, DOI: 10.1063/1.3533775.

[163] Cogenda Pte Ltd: cogenda - Genius-TCAD-Open. URL: https://github.com/cogenda/Genius-TCAD-Open/blob/master/include/math/mathfunc.h, Abrufdatum 02.03.2021.

[164] Hadley, G. R.: Multistep Method for Wide Angle Beam Propagation. In: Optics letters 17 (1992), S. 1743-1745, DOI: 10.1364/IPR.1993.ITuI5.

[165] Hadley, G. R.: Wide-angle beam propagation using Pade approximant operators. In: Optics letters 17 (1992), S. 1426-1428, DOI: 10.1364/OL.17.001426.

[166] Li, Z.-M.; Dzurko, K. M.; Delage, A.; McAlister, S. P.: A self-consistent two-dimensional model of quantum-well semiconductor lasers: optimization of a GRIN-SCH SQW laser structure. In: IEEE Journal of Quantum Electronics 28 (1992), S. 792-803.

[167] Marciante, J. R.; Agrawal, G. P.: Controlling filamentation in broad-area semiconductor lasers and amplifiers. In: Journal of Applied Physics 69 (1996), S. 593-595.

[168] Gehrsitz, S.; Reinhart, F. K.; Gourgon, C.; Herres, N.; Vonlanthen, A.; Sigg, H.: The refractive index of AlxGa1−xAs below the band gap: Accurate determination and empirical modeling. In: Journal of Applied Physics 87 (2000), S. 7825-7837.

In der Reihe **Ergebnisse aus der Lasertechnik** zuletzt erschienen:

Adams, Martin
Modellierung der katastrophalen optischen Degradation von Hochleistungslaserdioden unter externer optischer Rückkopplung
ISBN: 978-3-98555-068-5
Erscheinungsdatum: 22.04.2022

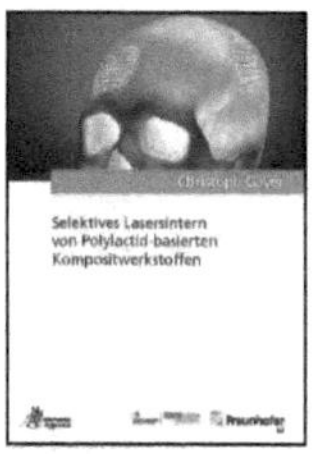

Gayer, Christoph
Selektives Lasersintern von Polylactid-basierten Kompositwerkstoffen
ISBN: 978-3-98555-037-1
Erscheinungsdatum: 26.01.2022

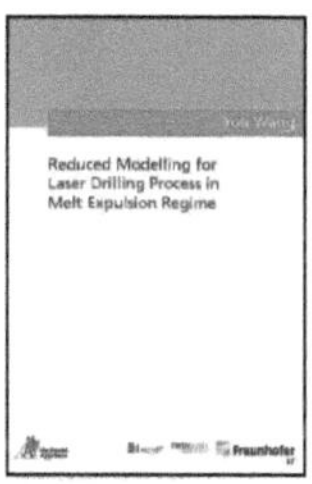

Wang, You
Reduced Modelling for Laser Drilling Process in Melt Expulsion Regime
ISBN: 978-3-98555-013-5
Erscheinungsdatum: 15.11.2021

Mamuschkin, Viktor:
Laserdurchstrahlschweißen transparenter Thermoplaste ohne Strahlungsabsorber
ISBN 978-3-98555-004-3
Erscheinungsdatum: 02.11.2021

Edition Wissenschaft
Apprimus

Brenner, Andreas:

Sequentielle Ultrakurzpuls-Laserbearbeitung zur effizienten Oberflächentexturierung

ISBN 978-3-86359-984-3
Erscheinungsdatum: 22.07.2021

Schmithüsen, Tobias:

Untersuchungen zur nass-chemischen Stützenentfernung bei LPBF-gefertigten Bauteilen aus Aluminiumlegierungen

ISBN 978-3-86359-982-9
Erscheinungsdatum: 10.07.2021

Engelhardt, Sascha:

Zweiphotoneninduzierte Vernetzung zur Generierung mikroskaliger Zellumgebungen

ISBN 978-3-86359-960-7
Erscheinungsdatum: 23.04.2021

Häusler, André:

Präzisionserhöhung beim Laserstrahl-Mikroschweißen durch angepasstes Energiemanagement

ISBN: 978-3-86359-933-1
Erscheinungsdatum: 04.02.2021

MIX
Papier | Fördert gute Waldnutzung
FSC® C083411

Zeitfracht Medien GmbH
Ferdinand-Jühlke-Straße 7
99095 Erfurt, Deutschland
produktsicherheit@kolibri360.de